混沌电路的多种仿真技术与硬件实现研究

徐 伟◎著

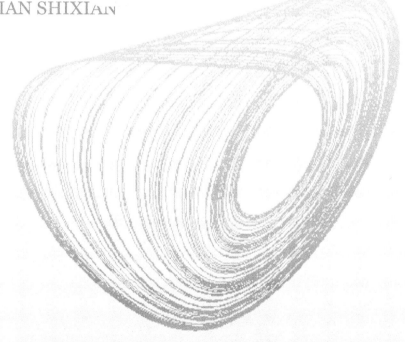

HUNDUN DIANLU I

DUOZHONG FANGZ

YU YINGJIAN SHIXIAN

YANJIU

河海大学出版社
HOHAI UNIVERSITY PRESS
·南京·

图书在版编目(CIP)数据

混沌电路的多种仿真技术与硬件实现研究 / 徐伟著
. -- 南京：河海大学出版社，2023.12
　ISBN 978-7-5630-8583-5

　Ⅰ. ①混… Ⅱ. ①徐… Ⅲ. ①混沌理论-应用-电路
-仿真-研究 Ⅳ. ①TM13

　中国国家版本馆 CIP 数据核字(2023)第 240029 号

书　　名	混沌电路的多种仿真技术与硬件实现研究
书　　号	ISBN 978-7-5630-8583-5
责任编辑	龚　俊
特约编辑	梁顺弟
特约校对	丁寿萍
装帧设计	徐娟娟
出版发行	河海大学出版社
地　　址	南京市西康路 1 号(邮编:210098)
电　　话	(025)83737852(总编室)　(025)83722833(营销部)
经　　销	江苏省新华发行集团有限公司
排　　版	南京布克文化发展有限公司
印　　刷	广东虎彩云印刷有限公司
开　　本	718 毫米×1000 毫米　1/16
印　　张	10.25
字　　数	200 千字
版　　次	2023 年 12 月第 1 版
印　　次	2023 年 12 月第 1 次印刷
定　　价	80.00 元

作者简介：

    徐伟，男，信息与通信工程专业，工学博士。目前，供职于盐城师范学院物理科学与电子工程学院，实验师职称。从事混沌理论及其电路实现方面的研究，发表 SCI 和中文核心期刊学术论文 10 余篇，参与国家级课题 1 项，主持省级课题多项。

本书简介：

    本书阐述了混沌理论的基本概念与研究进展，并根据混沌动力学系统的非线性函数的划分，详细讨论了这三大类混沌动力学系统的电路仿真技术和硬件实现方法。内容主要包括混沌系统在 MATLAB 软件上的数值仿真；基于 EWB 软件、Mulitsim 软件和 PSIM 软件的电路仿真，着重强调了不同类型的混沌系统在多种仿真软件上的建模方法；最后，给出混沌系统的具体硬件实现方法和技巧。

    本书是作者近些年来从事混沌电路设计及应用的一个总结，包含了作者十多年来的仿真及硬件设计研究工作的成果。

前言

　　"混沌"一词译自英文"chaos"，"chaos"一词来自希腊文，其原意是指先于一切事物而存在的广袤虚无的空间，后来罗马人把混沌解释为原始的混乱和不成形的物质，而宇宙的创造者就用这种物质创造出了秩序井然的宇宙。科学的发展离不开理论的指导，而理论的建立又依赖于正确的思维方式作为支撑。20世纪60年代美国气象学家 Lorenz 在研究大气时首先在确定性耗散系统中发现了混沌运动，使得描述的大气对流模型变得不可预测，这为以后的混沌研究开辟了方向。70年代，混沌理论迎来快速发展的十年，特别是1975年李天岩和他的导师 J. A. Yorke 教授提出了著名的"周期三意味着混沌"，这正好与中国古代道家提出的"一生二、二生三、三生万物"概念一致。

　　自1984年非线性理论先驱者、欧洲科学院院士 L. O. Chua 设计了第一个可以物理观测到实现双涡卷混沌吸引子相图的硬件电路，从此架起了混沌理论与混沌电路之间的桥梁，混沌电路的设计及应用得到了广泛而深入的研究。经过近40年的研究和发展，混沌系统及其混沌电路的设计方法等取得了较为丰富的研究结果。电子计算机和各种电路仿真软件相继问世，它们为混沌系统的理论分析、数值仿真和混沌电路设计及实现途径提供了便利条件。

　　本书将从混沌系统的非线性函数表现形式出发，将混沌系统粗略地分为基于分段线性函数、光滑非线性曲线函数和乘积交叉项函数的三大类混沌系统。在此基础上，根据混沌系统的电路设计一般方法，给出了在不同电子仿真软件下的混沌电路设计过程，并比较了混沌系统在不同软件下设计的优缺点。同时，也给出了如何根据混沌电路的仿真结果制作硬件电路的过程。对于目前软件而言,无法直接仿真混沌电路,本书给出了一般硬件设计方法和调试过程。全书共分为五章:第一章介绍了混沌系统的基础知识、混沌系统及电路常用的仿真工具;第二章介绍了混沌系统的分类,着重介绍了它们的非线性函数形式及典型混沌系统的数值分析方法;第三章介绍了混沌电路的一般设计方法、非线性函数电路的构造;第四章介绍了在 EWB5.0、Multi-sim14 和 PSIM9.0 软件下的混沌电路仿真技术;第五章介绍了混沌电路硬件设计实现途径和调试技巧。

混沌电路方面的书籍很多,但是详细介绍混沌系统在不同电路软件下的仿真方法和技术的书籍几乎没有。由于作者水平有限,文中存在的不足之处,恳请各位读者和同行批评指正。

著者主要从事混沌系统及其混沌电路设计应用方面的研究工作。本书是著者自研究生阶段以来所获得的研究成果的一个系统总结,也可为投身混沌电路设计的科研领域工作者提供一个参考。书中所采用的例子,大多来自著者研究生毕业论文、国内外期刊上所发表的学术论文,内容翔实可靠。

目 录

第一章

混沌系统及电路仿真简介

混沌的发现是继 21 世纪相对论和量子力学之后的第三次物理学大革命，它揭示了自然界和人类社会中普遍存在的复杂性。一般来说，从初始状态的精确知识可以导出最终状态的精确知识。在牛顿力学中，这种信念是正确的，并且避免了任何可能的混合和含糊。但是，在真实世界里，初始状态的精确知识是得不到的，一个量不管测量得多么精确，我们总能要求测量得更精确些。尽管一般说来，我们可能认识到，我们没有能力知道这种精确知识，但通常我们假定，如果两个分别进行的实验的初始条件几乎相同，则最后结果亦将几乎相同。对于大多数具有光滑特性的"常规"系统，这种假设是正确的，但对于某些非线性系统，它是错误的，并且结果是确定性的混沌。

1.1
混沌系统的发现

交互式计算机的诞生终于为细致研究混沌提供了有力的工具。1963 年，气象学家洛伦兹根据牛顿定律建立了温度压强、压强和风速之间的非线性方程。他将该方程组在计算机上进行模拟实验，因嫌那些参数小数点后面的位数太多，输入时很繁琐，便舍去了几位，尽管舍去部分看来微不足道，可是结果却大大出乎意料：该气象模型竟与没有舍去几位小数所得的气象模型大相径庭，变得完全不同。因此，洛伦兹断言："长时期"天气预报是不可能的论断，这就是著名的"蝴蝶效应"[1]。通过长期反复的数值试验和理论研究，洛伦兹在耗散系统中首先发现了混沌运动，并将其发表在《大气科学》杂志上，当时并没有引起外界注意。

　　然而,真正最早给出混沌的第一个严格数学定义的人是李天岩。他和约克教授受到洛伦兹论文的启发,在 1975 年 12 月份那期《美国数学月刊》上发表了一篇论文,题为"周期 3 意味着混沌",在这篇文章中,他们正式提出混沌(chaos)一词[2],并给出它的定义和一些有趣的性质。此后由于著名生态学家梅(May)的大力宣传,chaos 一词流传开来,渐渐被广大学者所认知。紧接着在 1978 年,费根鲍姆(Feigenbaum)利用梅的模型发现了倍周期分叉进入混沌的道路,并获得了一些普适性常数,这更引起了数学物理界的广泛关注。

1.2
混沌的基本概念与途径

1.2.1 混沌的基本概念

由于混沌系统的奇异性和复杂性至今尚未被人们彻底理解,因此国际上至今对混沌还没有一个统一的定义。不同的定义方法,可以从特定的侧面反映混沌运动的某些性质,并不能解释所有混沌问题。目前,影响较大的是李天岩和约克教授的混沌定义,它是从区间映射出发进行定义的。该定义描述如下:

Li-Yorke 定理:设 $f(x)$ 是 $[a,b]$ 上的连续自映射,若 $f(x)$ 有 3 周期点,则对任何正整数 n, $f(x)$ 有 n 周期点。

混沌是确定性非线性动力学系统[3-5]中对初始条件具有敏感性的非周期有界动态行为。混沌运动是在确定性系统中出现的类随机过程。混沌具有下述主要的特征:

(1) 有界性

混沌是有界的,它的运动轨道始终局限于一个确定的区域,该区域称为混沌吸引域。无论混沌系统内部多么不稳定,它的轨道都不会走出混沌吸引域。所以从整体上说混沌系统是稳定的。

(2) 遍历性

混沌运动在其吸引域内是各态历经的,即在有限时间内混沌轨道经过混沌区内每一个状态点。

（3）随机性

混沌是由确定性系统产生的不确定性行为，具有内在随机性，与外部因素无关。尽管系统的规律是确定性的，但它的动态行为却难以确定，在它的吸引子中任意区域概率分布密度函数不为零，这就是确定性系统产生的随机性。实际上，混沌的不可预测性和对初值的敏感性导致了混沌的内随机性性质，同时也说明混沌是局部不稳定的。

（4）分维性

分维性是指混沌的运动轨道在相空间中的行为特征，维数是对吸引子几何结构复杂度的一种定量描述。分维性表示混沌运动状态具有多叶、多层结构，且叶层越分越细，表现为无限层次的自相似结构。

（5）奇怪吸引子

混沌系统运动轨迹相图存在维数有限的一个奇怪吸引子，定量表现出混沌运动的基本特征。

（6）标度性

标度性是指混沌运动是无序中的有序态。其有序可理解为：只要数值或实验设备精度足够高，总可以在小尺度混沌区内看到其中有序的运动花样。

（7）正的 Lyapunov 指数

它是对非线性映射产生的运动轨道相互间趋近或分离的整体效果进行的定量刻画。正的 Lyapunov 指数表明轨道在每个局部都是不稳定的，相邻轨道按指数分离。同时，正的 Lyapunov 指数也表示相邻点信息量的丢失，其值越大，信息量的丢失越严重，混沌程度越高。

（8）自相似性

混沌系统的分岔图或者相图的某一局部放大，放大后的分岔现象或者相图与整体相比呈现出相似的结构或形状。

（9）普适性

指不同系统在趋向混沌态时所表现出来的某些共同特征，它不依具体的系统方程或参数而变。具体表现为几个混沌普适常数，如著名的 Feigenbaum

常数。普适性是混沌内在规律性的一种体现。

1.2.2 通往混沌的途径

由于混沌至今没有一个严格的定义方法,学者一般从混沌基本概念中的某一方面的特征来定量的研究混沌系统。那么,系统通过怎样的方式或途径从规则运动过渡到混沌运动?从规则运动通向混沌的途径是多种多样的,这里以混沌系统倍周期分叉进入混沌为例,着重介绍蔡氏混沌系统的分岔进入混沌状态的过程。

根据李天岩和约克教授的定义,"周期3意味着混沌"。即,如果在一个系统中出现了周期3,则该系统必含有无穷多个不稳定的周期轨道,因而只能是混沌。二分频,四分频,十六分频,……,2^{n+1}分频,规则运动经过不断分叉的过程,最终进入混沌状态[6,7]。典型蔡氏混沌系统是从倍周期分岔进入混沌的,其分岔图如图1-1。

蔡氏混沌系统所对应的1周期、2周期、4周期、混沌态的相图分别如图1-2~图1-5。

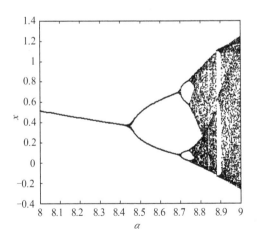

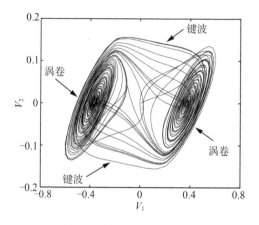

图 1-1 蔡氏混沌系统倍周期进入混沌的分岔图、相图

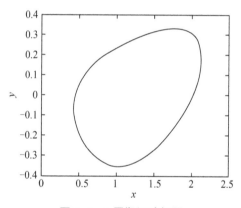

图 1-2 1 周期运动相图

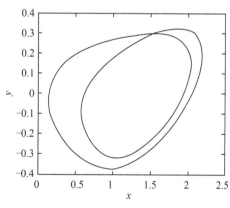

图 1-3 2 周期运动相图

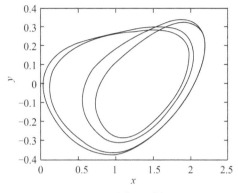

图 1-4 4 周期运动相图

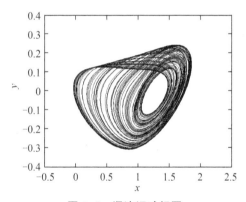

图 1-5 混沌运动相图

系统经过倍周期分岔进入混沌时，其数量是具有某种规律的。如果把系统每次分岔所对应的参数值分别记为 μ_n，μ_{n+1} 等，那么对于下式

$$\delta = \frac{\mu_{n+1} - \mu_n}{\mu_{n+2} - \mu_{n+1}} \tag{1-1}$$

当 $n \rightarrow \infty$ 时，该式会有一个极限值 $\delta = 4.669\,2\cdots\cdots$ 即所谓的 Feigenbaum 常数。Feigenbaum 常数是一个与具体倍周期分岔系统无关的普适常数，是混沌现象规律性的深层体现。

1.3
混沌系统电路仿真方法

混沌系统的仿真技术一般可以分为数值仿真、电路仿真两大类。它是直接定量地分析混沌理论和观测混沌现象的最为直接手段和方法。著名气象学家洛伦兹也正是根据牛顿定律建立了温度压强、压强和风速之间的非线性方程组(下划直线的是非线性项,x 代表对流的强度,y 表示所考虑的气体薄层中气体向上流或向下流的温度差,z 表示温度分布的非线性)并在计算机上进行模拟仿真实验,直接观测得到:两个完全相同的混沌系统,只要初始条件存在微小差异,就将导致其轨道很快变得毫不相同。正是借助计算机和仿真技术的发展,人们才能如此直观地观测到洛伦兹系统对初始条件的高度敏感性,也为以后的混沌理论和仿真技术研究开辟了道路[8]。

随着集成电路的快速发展,计算机朝着微型化、快速智能化和全能化的方向发展以实现社会的各种服务功能。高性能的计算机结构体系,必然带来高性能的软件技术与之相互配合使用。目前,实现各种工程计算的软件也随着计算机技术的发展不断更新壮大。

1.3.1　混沌系统数值仿真工具

针对混沌系统的数值仿真,常用的工具有 MATLAB 软件、SCILAB 软件、Octave 软件等[9-11]。

MATLAB 软件是目前研究混沌系统建模、理论特性和演化轨迹分析最为常用的数值仿真工具[9]。MATLAB 是由矩阵(matrix)和实验室(laboratory)两个词组合而成。软件主要面对科学计算、可视化以及交互式程序设计的高科技计算环境。它将数值分析、矩阵计算、科学数据可视化以及非线性动态系统的建模和仿真等诸多强大功能集成在一个易于使用的视窗环境中。它丰富的数学指令代码和数学工具箱为混沌系统的理论分析、为混沌系统的工程应用设计进行有效的数值计算提供了全面有效的算法支持。此外，MATLAB 软件的 Simulink 仿真给可视化、模块化的混沌系统仿真建模、参数设置、仿真结果分析带来极大的便利。具体步骤为，从 Simulink 模型库中将所需要的运算模块或功能函数拖到对应的编辑窗口，对照混沌动力学方程组构建混沌仿真系统；再根据混沌系统的参数值来设定运算模块或者函数模块的参数；在仿真过程中通过调用示波器、XYgraph 等观测模块观测输出波形或者相图是否满足设计要求。

SCILAB 是一款与 MATLAB 类似的开源软件，可以实现 MATLAB 上所有基本的功能，如科学计算、数学建模、信号处理、决策优化、线性与非线性控制等。SCILAB 的源代码、用户手册及二进制的可执行文件都是免费的，可以在 EETOP 论坛 SCILAB 专区直接下载[10]。对于无法使用 MATLAB 软件的科研机构，SCILAB 软件是不错的替代品。

Octave 科学计算软件[11]，旨在解决线性和非线性的数值计算问题。它也非常适合混沌非线性动力学系统建模、理论分析和数值仿真。鉴于 Octave 软件是模仿 MATLAB 软件而来的，因此 Octave 在编程语言的调用、设计与MATLAB 编程有很多的相似之处，这也会使部分 MATLAB 程序可以直接或经过少量修改在 Octave 上运行。这样，有一定 MATLAB 编程基础的人员能很快熟悉使用 Octave 软件。

1.3.2 混沌系统电路仿真工具

混沌系统的电路验证是直观验证混沌系统存在的有力的物理证明。

1983 年,著名美籍华人蔡少棠教授采用模拟电路设计方法从示波器直接观测
到了蔡氏混沌系统的双涡卷吸引子相图结果。它从现实意义证明了混沌的
存在,为混沌系统的硬件实现方法及应用提供了最为广泛的依据[12]。

随着混沌系统复杂程度的增加,仅仅利用几个电阻、电容、电感和运算放
大器很难直接给出混沌电路的硬件设计结果。对于复杂混沌系统电路的设
计,往往和传统的复杂电子电路设计方法一样,需要利用某一种或者综合利
用专门的仿真软件来验证或者测试设计电路的正确性及各项指标是否符合
预期要求。电路仿真软件伴随着计算机的发展而发展。20 世纪 90 年代,由
加拿大的交互图像技术有限公司推出较早的 Electronic Design Automation
(EDA)仿真软件被命名为 Electronics Workbench EDA(EWB)。利用该软件
可以对模拟电路、数字电路和混合电路进行综合仿真,几乎可以全真地模拟
出真实电路的结果[13]。尽管该软件容量不大,但基本上涵盖了电子电工技术
所用到的所有虚拟仪器仪表、常用的电子元件与集成电路模块等。EWB 软件
友好的界面环境,便捷直观的使用方法,对于设计仿真较为复杂的混沌电路
是一个很好的平台。目前,虽然 EWB 软件已经不再更新,并已升级为另外一
种 Mulitisim 软件,但是还有不少学者仍然将 EWB 作为混沌系统的仿真工具
首选。

大多数高校、科研院所的教学科技人员使用最为广泛的电子线路仿真软
件为 Mulitisim 14[14]。它是美国 National Instruments(NI)有限公司推出的
以 Windows 为基础的仿真工具,适用于板级的电子线路板的设计工作。它
包含了电路原理图的图形输入、电路硬件描述语言输入方式,具有丰富的仿
真分析能力。该软件强大的电路仿真能力包括 SPICE 仿真、RF 仿真、MCU
仿真、VHDL 仿真、电路向导等功能。在 Mulitisim 14 软件中,仿真的虚拟
元器件与实际元器件的型号、参数值以及封装都能够一一对应,可以直接将
设计好的电路导出到 Ultiboard 中进行 PCB 的设计[15]。这样,可以很方便
地设计出模拟混沌信号发生电路以便于工业应用,这些都是 EWB 软件无
法比拟的。

近些年来,在电力电子领域、电机学领域,关于混沌现象的产生,也引起了
电工技术工作者的兴趣,他们借助电力电子软件 Power Simulation(PSIM)[16],

通过理论分析和电路仿真也给出了逆变电路、电力电子器件和电机控制运行导致混沌产生与抑制方法的研究结果。因此,PSIM 软件包括了主要电子、电气元件库;各种传递函数、函数运算模块、交流、直流和特殊函数发生源等。PSIM 界面友好、使用简单的特点与 EWB 软件相似,同样得到了电气领域的专家好评。

除此之外,还有一些重要的常用仿真软件如 Proteus、Cadence 和 PSpice 等[17-19],也可以供广大混沌系统电路设计者参考使用。

1.3.3 混沌系统电路设计

在混沌电路设计中设计者基本上是利用运算放大器和二极管本身的特点来构造非线性函数,例如:阶梯波函数、绝对值函数、三角波函数、多项式函数。Jerk 利用运算放大器的电压比较特性构成各类符号函数,再通过各类符号函数相加构成所需要的阶梯波函数[20]。Tang 等学者提出利用正弦运算芯片 AD639 和运算放大器二极管构成的绝对值函数能够实现单方向 8 个涡卷数量[21]。禹思敏教授利用运算放大器在线性区和饱和区的工作特点构成的三角波函数,可以在电路上实现单方向 14 个涡卷数量[22]。

随着非线性函数复杂程度的增加,利用运算放大器和有限个非线性函数芯片来实现非线性电路愈发显得困难,况且使用分立器件本身也会导致较大的误差。有学者提出了有别于传统的非线性函数构造的新方法,利用模数转换器把模拟信号转换为数字信号,对数字信号按照非线性函数的要求进行数字编码,数字编码采用 C 语言编程的方法实现,把特定的非线性函数关系映射到存储器[23]中去,通过查表的方法获得转换的数字信号,再通过数模转换器的转换,最终得到所需要的信号。采用这种存储器的方法可以在一定程度上降低用运算放大器、二极管等普通电子器件实现阶梯波、三角波、绝对值函数、正弦波等非线性函数的难度,为实现任意难以用其他器件构成的非线性函数提供了捷径[24]。

电路设计作为混沌应用的一个重要部分,其发展非常迅速,不仅理论方面有了新的突破,而且在实际应用中取得了较大的成果。近几年各种各样新思路、新方法相继提出,开展以混沌及混沌理论为基础的应用技术研究是非常必要的。一方面,开展混沌理论的研究,能够促进各学科的发展,影响人们的思维方式和观念,具有深远的科学意义;另一方面,混沌电路实现方法的探索是混沌从理论研究走向实际应用的一个重要桥梁。

第二章

几类典型混沌系统分析
与数值仿真

连续混沌动力学系统很多,其分类的方式也较为复杂。常见的分类方式有按照分维数分类、按照正的李氏指数个数分类、按照混沌动力学系统的拓扑不等价分类、按照混沌吸引子的形状分类等等[1]。

本章按照混沌动力学系统的非线性函数的性质大致分为三类,第一类以非线性函数为分段线性函数的混沌动力学系统,例如:蔡氏混沌系统、JERK混沌系统;第二类以自变量为单变量的光滑连续非线性函数的混沌动力学系统[2,3],例如:基于正弦函数的变形蔡氏混沌系统;第三类以非线性函数为交叉乘积项的非线性函数构成的混沌动力学系统[4,5],例如:LORENZ混沌系统、CHEN混沌系统、LIU系统等。

2.1
第一类混沌系统

第一类以非线性函数为分段线性函数的混沌系统在非线性动力学中占据非常重要的地位,它是由多个线性函数叠加构成,用于非线性动力学方程组解形成各种丰富的混沌现象重要原因。例如:利用运放和二极管设计的二折线绝对值函数、蔡氏二极管构成的三折线函数、用运放设计的二折线符号函数和多折线阶梯波函数、锯齿波函数、三角波函数等等。

2.1.1　最简 JERK 混沌系统

JERK 混沌系统由美国著名学者 J. C. Sprott 教授在 21 世纪初提出,它是混沌动力学系统中拓扑结构最为简洁的表现形式,JERK 系统的函数形式为 $\dddot{x}=J(x,\dot{x},\ddot{x})$,其中 $\dot{x}$ 是位置的一阶导数,为速度,二阶导数 $\ddot{x}$ 为加速度,三阶导数 $\dddot{x}$ 为 JERK。它的非线性函数也是最为简洁的二折线绝对值函数或者符号函数。

设 $\alpha=0.6\sim0.8$ 分岔可调参数,三阶 JERK 形式的微分方程组的形式为:

$$\begin{cases}\dfrac{\mathrm{d}x}{\mathrm{d}\tau}=y \\[2mm] \dfrac{\mathrm{d}y}{\mathrm{d}\tau}=z \\[2mm] \dfrac{\mathrm{d}z}{\mathrm{d}\tau}=-\alpha x-\alpha y-\alpha z+f(x)\end{cases} \tag{2-1}$$

其中 $f(x)$ 为绝对值函数或者符号函数。当 $f(x)=|x-1|$ 时,JERK 系统[32]能产生一个单涡卷混沌吸引子,其仿真如图 2-1 所示;当 $f(x)=\mathrm{sgn}(x)$ 时,即为 $\mathrm{sgn}(x)$ 二阶梯波,JERK 系统能产生一个双涡卷混沌吸引子,其仿真如图 2-2 所示。

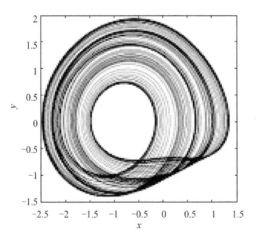

图 2-1　JERK 系统单涡卷混沌吸引子

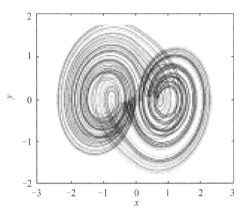

图 2-2 JERK 系统双涡卷混沌吸引子

混沌的一个最基本的特征是在有界的条件下对初始条件的高度敏感性，即两个很靠近的不同初值所产生的两条轨道，随着时间的推移将以指数方式分离，Lyapunov 指数就是用来定量描述这一现象的特征量。

设两个具有不同初始值的方程为 $\begin{cases} x_{n+1} = f(x_n) \\ y_{n+1} = f(y_n) \end{cases}$，设其初始值 x_0 与 y_0 之间有一微小误差 $|x_0 - y_0|$，经一次迭代后，得 $|x_1 - y_1| = |f(x_0) - f(y_0)| = \left| \dfrac{\mathrm{d}f}{\mathrm{d}x} \Big|_{x_0} \right| \cdot |x_0 - y_0|$，由上式可见，系统对初始扰动的敏感程度由 $\left| \dfrac{\mathrm{d}f}{\mathrm{d}x} \Big|_{x_0} \right|$ 决定，显然，$\left| \dfrac{\mathrm{d}f}{\mathrm{d}x} \Big|_{x_0} \right|$ 与初始值 x_0 有关。当经过第二次迭代后，我们有：

$$|x_2 - y_2| \approx \left| \frac{\mathrm{d}f}{\mathrm{d}x} \Big|_{x_1} \right| \cdot |x_1 - y_1| \approx \left| \frac{\mathrm{d}f}{\mathrm{d}x} \Big|_{x_1} \cdot \frac{\mathrm{d}f}{\mathrm{d}x} \Big|_{x_0} \right| \cdot |x_0 - y_0|$$

由数学归纳法，得第 n 次迭代后的结果为 $|x_n - y_n| = \left| \prod\limits_{i=0}^{n-1} \dfrac{\mathrm{d}f}{\mathrm{d}x} \Big|_{x_i} \right| \cdot |x_0 - y_0|$，由上述分析，可得每次迭代产生的平均分离量为 $\left(\left| \prod\limits_{i=0}^{n-1} \dfrac{\mathrm{d}f}{\mathrm{d}x} \Big|_{x_i} \right| \right)^{\frac{1}{n}}$。在混沌系统中，轨道分离的程度通常用 Lyapunov 指数 λ 来表示，定义为平均分离量的对数，即 $\lambda = \lim\limits_{n \to \infty} \dfrac{1}{n} \ln \left(\left| \prod\limits_{i=0}^{n-1} \dfrac{\mathrm{d}f}{\mathrm{d}x} \Big|_{x_i} \right| \right) =$

$\lim\limits_{n\to\infty}\dfrac{1}{n}\sum\limits_{n=0}^{n-1}\ln\left|\dfrac{\mathrm{d}f}{\mathrm{d}x}\right|_{x_n}$，在此系统初始时刻两点之间的 $|x_n-y_n|\approx|x_0-y_0|e^{n\lambda}$，注意到混沌是一种拉伸与折叠的变换，当混沌轨道分离到一定程度后，由于折叠变换的结果，使得混沌吸引子的轨迹在相空间中是有界的。

基于上述李氏指数算法，令 $a=0.75$，$t=500$ s，非线性为符号函数 $f(x)$ $=\mathrm{sgn}(x)$。将(2-1)代入 Lyapunov 的计算机程序得到 JERK 系统的李氏指数谱为$[\lambda_1=0.07,\lambda_2=0.00,\lambda_3=-1.56]$，可见这三阶 JERK 系统有一个正的 Lyapunov 指数，有 $\lambda_1+\lambda_2+\lambda_3<0$，从混沌系统的基本概念的一个侧面证明了该系统是一个三阶非线性自治的混沌系统。

此外，通过在 y 方向、z 方向构造阶梯波函数序列实现在三阶 JERK 系统[6,7]中产生二方向、三方向网格状分布多涡卷混沌吸引子。用阶梯波函数序列组构造多方向网格状分布[8]三阶 JERK 混沌系统状态方程可表示为：

$$\begin{cases}\mathrm{d}x/\mathrm{d}\tau=y-F_2(y)\\\mathrm{d}y/\mathrm{d}\tau=z-F_3(z)\\\mathrm{d}z/\mathrm{d}\tau=a[-x-y-z+F_1(x)+F_2(y)]\end{cases} \quad (2\text{-}2)$$

式中 $a\in[0.47,0.96]$。

（1）令 $F_1(x)=\xi\mathrm{sgn}(x)$，$F_2(y)=\xi\mathrm{sgn}(y)$，$F_3(z)=0$，$a=0.65$，$\xi=1$，则系统可以产生 2×2 个的二方向涡卷混沌吸引子，计算机模拟结果如图 2-3 所示。

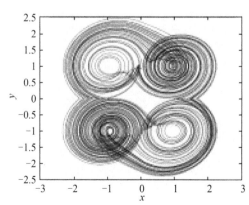

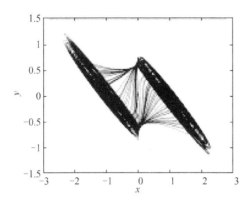

图 2-3　二方向 2×2 网格状混沌吸引子仿真结果

（2）令 $F_1(x)=\xi\mathrm{sgn}(x)$,$F_2(y)=\xi\mathrm{sgn}(y)$,$\xi=1$,$a=0.9$,$\xi=1$,则系统可以产生 $2\times2\times2$ 个三方向涡卷混沌吸引子,计算机模拟结果如图 2-4 所示。

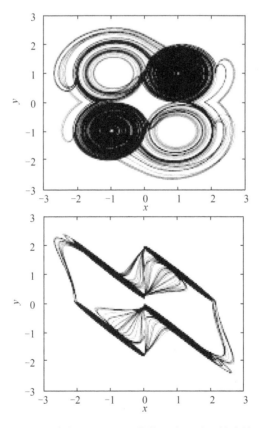

图 2-4　三方向 2×2×2 网格状混沌吸引子仿真结果

2.1.2 典型的蔡氏混沌系统

众所周知,典型的蔡氏电路是一个十分简单的非线性混沌电路[1],它是由一个线性电感、两个线性电容、一个线性电阻和一个非线性电阻构成的三阶自治动态电路,非线性电阻的伏安特性 $i_N = g(v_N)$,是一个分段线性电阻。电路中电感 L 和电容 C_2 构成了一个 LC 振荡电路,有源非线性电阻 R_N(蔡氏二极管)和电容 C_1 组成了一个有源 RC 滤波电路,它们通过一个电阻 R 线性耦合在一起,形成了只有 5 个元件的、能够产生复杂混沌现象的非线性电路,如图 2-5 所示。

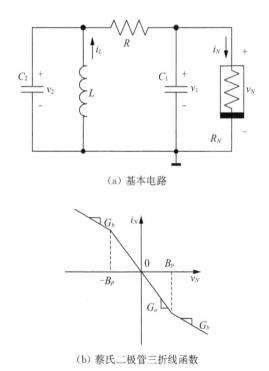

(a) 基本电路

(b) 蔡氏二极管三折线函数

图 2-5 蔡氏混沌电路和蔡氏二极管的 VCR

设电容电压 u_{C1},u_{C2} 和电感电流 i_L 为状态变量,得电路的状态方程[2]如下:

$$\begin{cases} C_1 \dfrac{\mathrm{d}v_1}{\mathrm{d}t} = \dfrac{1}{R_0}(v_2 - v_1) - g(v_N) \\[2mm] C_2 \dfrac{\mathrm{d}v_2}{\mathrm{d}t} = \dfrac{1}{R_0}(v_1 - v_2) + i_L \\[2mm] L \dfrac{\mathrm{d}i_L}{\mathrm{d}t} = -v_2 \end{cases} \tag{2-3}$$

由式(2-3)变换可得:

$$\begin{cases} \dfrac{\mathrm{d}v_1}{\mathrm{d}t} = \dfrac{1}{C_1}\left(\dfrac{1}{R_0}v_2 - \dfrac{1}{R_0}v_1\right) - \dfrac{1}{C_1}g(v_N) \\[2mm] \dfrac{\mathrm{d}v_2}{\mathrm{d}t} = \dfrac{1}{C_2 R_0}(v_1 - v_2) + \dfrac{1}{C_2}i_L \\[2mm] \dfrac{\mathrm{d}i_L}{\mathrm{d}t} = -\dfrac{1}{L}v_2 \end{cases} \tag{2-4}$$

令 $x = v_1$, $y = v_2$, $z = i_L$, 对 C_1, C_2, L 及 R_0 等取一组定值可以得到如下所示的蔡氏(CHUA)系统状态方程[3]。

已知该 CHUA 系统的状态方程如下:

$$\begin{cases} \dfrac{\mathrm{d}x}{\mathrm{d}t} = \alpha[y - f(x)] \\[2mm] \dfrac{\mathrm{d}y}{\mathrm{d}t} = x - y + z \\[2mm] \dfrac{\mathrm{d}z}{\mathrm{d}t} = -\beta y \end{cases} \tag{2-5}$$

其中: $f(x) = m_1 x + 0.5(m_0 - m_1)[\,|x+1| - |x-1|\,]$, $\alpha = 10$, $\beta = 15$, $m_0 = -1/7$, $m_1 = 2/7$。

考虑到该系统中唯一的非线性函数 $f(x)$ 是分段线性函数。其三个分段线性函数可以表述为:

$$\begin{cases} D_1 = \{(x,y,z) \mid x > 1\} \\ D_0 = \{(x,y,z) \mid -1 \leqslant x \leqslant 1\} \\ D_{-1} = \{(x,y,z) \mid x < -1\} \end{cases} \tag{2-6}$$

则 $f(x)$ 在各个区域中可表示为如下的形式：

$$f(x)=\begin{cases} m_1 x+(m_0-m_1) & x>1 \\ m_0 x & -1\leqslant x\leqslant 1 \\ m_1 x-(m_0-m_1) & x<-1 \end{cases} \qquad (2\text{-}7)$$

该系统的平衡点方程为：

$$\begin{cases} \alpha[y-f(x)]=0 \\ x-y+z=0 \\ -\beta y=0 \end{cases} \Rightarrow \begin{cases} f(x)=0 \\ z=-x \\ y=0 \end{cases} \qquad (2\text{-}8)$$

根据平衡点处的方程计算出平衡点处的数值，其结果如表 2-1 所示。

表 2-1　三分段线性函数时分别对应 CHUA 系统的平衡点

限行区域	$f(x)$	平衡点
D_1	$m_1 x+(m_0-m_1)$	$P^+=\left(\dfrac{m_1-m_0}{m_1},0,-\dfrac{m_1-m_0}{m_1}\right)=(1.5,0,-1.5)$
D_0	$m_0 x$	$O=(0,0,0)$
D_{-1}	$m_1 x-(m_0-m_1)$	$P^-=\left(-\dfrac{m_1-m_0}{m_1},0,\dfrac{m_1-m_0}{m_1}\right)=(-1.5,0,1.5)$

再利用系统平衡点处的 Jacobian（雅可比）矩阵计算其对应的特征值，由于该 Chua 系统的状态方程，很容易得到平衡点处的 Jacobian 矩阵。

$$\begin{cases} f_1(x,y,z)=\alpha[y-f(x)] \\ f_2(x,y,z)=x-y+z \\ f_3(x,y,z)=-\beta y \end{cases} \qquad (2\text{-}9)$$

由其可求得对应的 Jacobian 矩阵为：

$$\boldsymbol{J}(x_Q)=\begin{bmatrix} \dfrac{\partial f_1}{\partial x} & \dfrac{\partial f_1}{\partial y} & \dfrac{\partial f_1}{\partial z} \\ \dfrac{\partial f_2}{\partial x} & \dfrac{\partial f_2}{\partial y} & \dfrac{\partial f_2}{\partial z} \\ \dfrac{\partial f_3}{\partial x} & \dfrac{\partial f_3}{\partial y} & \dfrac{\partial f_3}{\partial z} \end{bmatrix}_{x_Q}=\begin{bmatrix} -\alpha\partial f(x)/\partial x & \alpha & 0 \\ 0 & -1 & 1 \\ 0 & -\beta & 1 \end{bmatrix}_{x_Q}$$

$$(2\text{-}10)$$

得三个平衡点处对应的 Jacobian 矩阵分别为：

$$\boldsymbol{J}(D_1) = \begin{bmatrix} -\alpha m_1 & \alpha & 0 \\ 1 & -1 & 1 \\ 0 & -\beta & 0 \end{bmatrix} \tag{2-11}$$

$$\boldsymbol{J}(D_0) = \begin{bmatrix} -\alpha m_0 & \alpha & 0 \\ 1 & -1 & 1 \\ 0 & -\beta & 0 \end{bmatrix} \tag{2-12}$$

$$\boldsymbol{J}(D_{-1}) = \begin{bmatrix} -\alpha m_1 & \alpha & 0 \\ 1 & -1 & 1 \\ 0 & -\beta & 0 \end{bmatrix} \tag{2-13}$$

平衡点处对应的特征值分别为：

$$\boldsymbol{P}^+ = \boldsymbol{P}^- = [\lambda_1 \, \lambda_2 \, \lambda_3] = \begin{bmatrix} -4.329\,0 & 0 & 0 \\ 0 & 0.235\,9 + 3.137\,6j & 0 \\ 0 & 0 & 0.235\,9 - 3.137\,6j \end{bmatrix}$$

$$\tag{2-14}$$

故在此处平衡点形成的是两个相同的指标为 2 的鞍焦点。

$$\boldsymbol{O} = [\lambda_1 \, \lambda_2 \, \lambda_3] = \begin{bmatrix} 2.477\,7 & 0 & 0 \\ 0 & -1.024\,6 + 2.756\,6j & 0 \\ 0 & 0 & -1.024\,6 - 2.756\,6j \end{bmatrix}$$

$$\tag{2-15}$$

故在此处平衡点形成的是一个指标为 1 的鞍焦点。根据混沌系统存在的条件[3]，很显然蔡氏系统存在 2 个指标为 2 的鞍焦点，1 个指标为 1 的鞍焦点，因此最多只能产生双涡卷的混沌吸引子。

根据统一的蔡氏电路状态方程，利用 MATLAB 数值仿真软件对其进行仿真可以得到系统的时域波形图如图 2-6、图 2-7 所示。蔡氏混沌系统的相图如图 2-8、图 2-9 所示，充分说明变换后的系统与原系统是一致的。

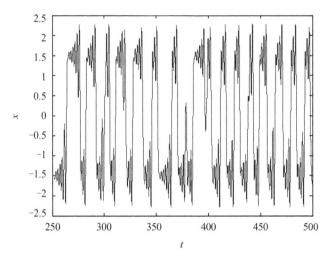

图 2-6 x 方向时域波形图

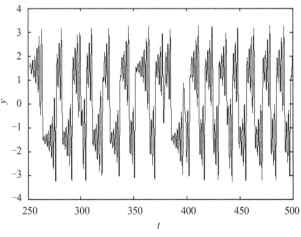

图 2-7 y 方向时域波形图

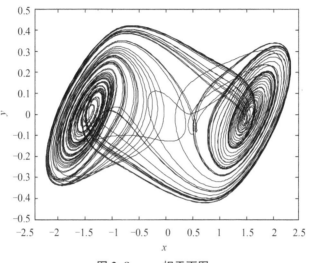

图 2-8 *x-y* 相平面图

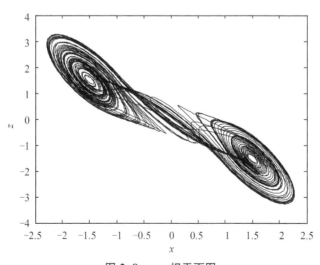

图 2-9 *x-z* 相平面图

2.2
第二类混沌系统

第二类是以自变量为单变量的光滑非线性曲线函数,它可以看作由无数多个自变量为单变量的分段线性函数逼近和叠加而成的。实质上分段线性函数可以看成光滑非线性函数的一个胞元。由此,基于光滑非线性函数的非线性动力学方程组的解可以形成更为丰富的混沌现象。例如:多项式函数、正余弦函数、正余切函数、指数函数等构成的各类光滑非线性函数。它们很容易嵌套到基于分段线性函数的混沌系统中或构建新的混沌动力学系统并形成第二类混沌系统。

2.2.1　基于多项式的三涡卷变形蔡氏混沌系统

蔡氏电路是目前众多混沌电路[8,10]中最具典型代表性的一种,其主要特点之一是能产生双涡卷混沌[11]吸引子,它的电路结构简单但能产生极为复杂的混沌动力学行为[12]。2006 年,禹思敏教授用自变量为单变量的多项式函数来替代蔡氏二极管,并将其嵌套到典型的蔡氏系统中可以形成三个涡卷数量的第二类变形蔡氏混沌系统。

第二类变形三涡卷蔡氏混沌系统的无量纲归一化状态方程可表示为

$$\begin{cases} \mathrm{d}x/\mathrm{d}\tau = \alpha[y - h(x)] \\ \mathrm{d}y/\mathrm{d}\tau = x - y + z \\ \mathrm{d}z/\mathrm{d}\tau = -\beta y \end{cases} \qquad (2\text{-}16)$$

式中 $\alpha = 12.8, \beta = 19.1$，用 $h(x) = ax + bx|x| + cx^3$ 代替(2-5)式中唯一的非线性函数蔡氏二极管。多项式函数 $h(x)$ 是产生三涡卷混沌吸引子的关键，该函数对应的曲线如图 2-10 所示。

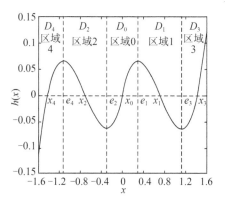

图 2-10   非线性函数 $h(x)$

根据式(2-16)，编写 MATLAB 程序进行数值计算来获取这个混沌系统[53]吸引子的相图，为了能准确地显示出混沌吸引子的相图，我们设置解微分方程指令 ode45 的精度为 10^{-6}，并且舍去所得数据的前半部分，由后一半数据得出混沌吸引子的相图，计算机数据模拟结果如图 2-11 所示。

仿真结果表明，多项式 $h(x)$ 中的三个参数值 a、b、c 有较大的选取范围。图 2-12(a)示出了当 $b = -1$、$c = 0.47$ 时，式(2-16)随参数 a 变化时的分岔图。图 2-12(b)示出了当 $a = 0.472$、$c = 0.47$ 时，式(2-16)随参数 b 变化时的分岔图。图 2-12(c)则示出了当 $a = 0.472$、$b = -1$ 时，式(2-16)随参数 c 变化时的分岔图。图 2-12(d)还示出了式(2-16)随系统参数 α 变化时的分岔图。由图 2-12 可见，参数 a、b、c 和 α 的选取不是唯一的，它们的取值在某个连续的区域内变化时均能产生三涡卷混沌吸引子，这种参数能在某个区域内连续取值产生混沌的特点更便于混沌电路的实现。

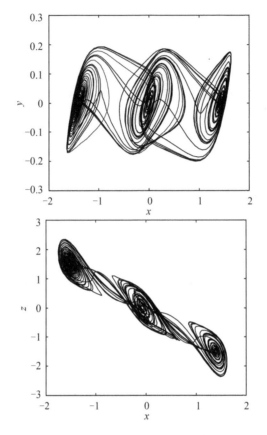

图 2-11 三涡卷蔡氏混沌吸引子的计算机仿真结果

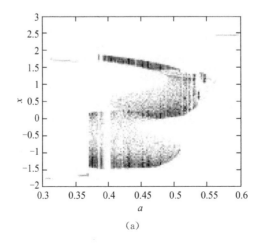

（a）

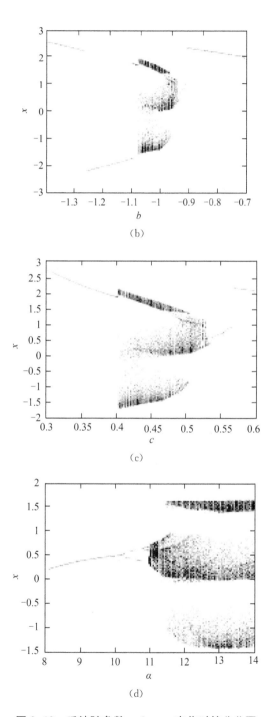

（b）

（c）

（d）

图 2-12　系统随参数 a、b、c、α 变化时的分岔图

对于一个三阶非线性自治系统：$dX/dt = F(X)$，$dY/dt = F(Y)$，$dZ/dt = F(Z)$，根据 Shil'nikov 定理，如果系统的平衡点 X_Q 有一对复共轭的特征值 $\sigma \pm j\omega$ 和一个实的特征值 γ，若 $|\sigma| < |\gamma|$，并且 $\sigma\gamma < 0$，则 $F(X)$ 就满足了产生混沌的鞍焦点条件。同时，如果该系统的参数适当，则可满足形成奇异鞍环的条件[5]，因而可产生混沌振荡。根据文献可知，前一条件保证混沌振荡增幅，从而形成涡卷，而后一条件保证了键波的出现。$dX/dt = F(X)$ 在平衡点 X_Q 附近的动力学行为可表示为

$$\frac{dX_Q}{dt} + \frac{dx}{dt} = F(X_Q + x) \approx F(X_Q) + J_F(X_Q)\dot{x} \tag{2-17}$$

其中 Jacobian 矩阵可表示为

$$J_F(X_Q) = \begin{bmatrix} \dfrac{\partial F_1(X)}{\partial X_1} & \dfrac{\partial F_1(X)}{\partial X_2} & \dfrac{\partial F_1(X)}{\partial X_3} \\[2mm] \dfrac{\partial F_2(X)}{\partial X_1} & \dfrac{\partial F_2(X)}{\partial X_2} & \dfrac{\partial F_2(X)}{\partial X_3} \\[2mm] \dfrac{\partial F_3(X)}{\partial X_1} & \dfrac{\partial F_3(X)}{\partial X_2} & \dfrac{\partial F_3(X)}{\partial X_3} \end{bmatrix}_{X = X_Q} \tag{2-18}$$

可由特征方程 $\det[\lambda I - J_F(X_Q)] = 0$ 来确定与之相对应的特征值 λ。

可以证明，式(2-17)关于变量 x 的平衡点也就是 $h(x)$ 的零点。$h(x)$ 对应的曲线见图 2-10 所示。令 $h(x) = ax + bx|x| + cx^3 = 0$，当取 $a = 0.6$，$b = -1.1$，$c = 0.45$ 时，可得(2-16)式和 $h(x)$ 关于变量 x 的 5 个平衡点 $x_i (i = 0, 1, 2, 3, 4)$ 分别为

$$\begin{cases} x_0 = 0 \\ x_{1,2} = \pm(-b - \sqrt{b^2 - 4ac})/(2c) = \pm0.821\,6 \\ x_{3,4} = \pm(-b + \sqrt{b^2 - 4ac})/(2c) = \pm1.628\,8 \end{cases} \tag{2-19}$$

令 $h'(x) = 0$，得 $h(x)$ 4 个转折点 $e_i (i = 1, 2, 3, 4)$ 的值为

$$\begin{cases} e_{1,2} = \pm(-b - \sqrt{b^2 - 3ac})/(3c) = \pm0.346\,3 \\ e_{3,4} = \pm(-b + \sqrt{b^2 - 3ac})/(3c) = \pm1.283\,3 \end{cases} \tag{2-20}$$

$h(x)$ 在 5 个平衡点 $x_i(i=0,1,2,3,4)$ 的斜率分别为

$$\begin{cases} h'(x_0)=a=0.6 \\ h'(x_{1,2})=a+2bx_2+3c(\frac{x}{2})2=-0.296\ 2 \\ h'(x_{3,4})=a+2bx_4+3c(\frac{x}{4})2=0.585\ 1 \end{cases} \quad (2\text{-}21)$$

由式(2-20)所得的 4 个转折点值 $e_i(i=1,2,3,4)$，可将 $h(x)$ 分成 5 个区域，如图 2-10 所示。图中 $x_i(i=0,1,2,3,4)$ 为式(2-19)所决定的 $h(x)$ 的平衡点值，$e_i(i=1,2,3,4)$ 所决定的 $h(x)$ 的转折点值。将式(2-19)代入式(2-21)，根据式(2-18)，可得式(2-16)在各平衡点的 Jacobian 矩阵为

$$J_F(x_i)=\begin{bmatrix} -\alpha\partial h(x)/\partial x & \alpha & 0 \\ 1 & -1 & 1 \\ 0 & -\beta & 0 \end{bmatrix}_{x=x_i} \quad (i=0,1,2,3,4) \quad (2\text{-}22)$$

由式(2-22)，可求出在平衡点 $x_i(i=0,1,2,3,4)$ 处 $J_F(x_i)$ 的特征值。由图 2-10 中的 D_0，平衡点 x_0 所对应的 3 个特征值为

$$\gamma_0=-8.949\ 4, \sigma_0\pm j\omega_0=0.134\ 7\pm4.046\ 3j \quad (2\text{-}23)$$

它满足 $|\sigma_0|<|\gamma_0|$，以及 $\sigma_0\gamma_0<0$，由于 $\gamma_0<0,\sigma_0>0$，由 Shil'nikov 定理，混沌相轨迹在 D_0 中沿特征平面 $\beta x-\beta(2\sigma_0+1)y-(\sigma_0^2+\omega_0^2-\beta)z=0$，形成一个向外扩展的涡卷运动。

在图 2-10 中的区域 D_3、D_4 中，两个平衡点 x_3,x_4 所对应它们的 6 个特征值为

$$\gamma_{3,4}=-5.099\ 2, \sigma_{3,4}\pm j\omega_{3,4}=-1.150\ 2\pm3.591j \quad (2\text{-}24)$$

它同样满足 $|\sigma_{3,4}|<|\gamma_{3,4}|$，以及 $\sigma_{3,4}\gamma_{3,4}<0$，由于 $\gamma_{3,4}<0,\sigma_{3,4}>0$，由 Shil'nikov 定理，该 CHUA 系统的混沌吸引子的相轨迹在区域 3、4 中分别沿各自的特征平面 $\beta x-\beta(2\sigma_i+1)y-(\sigma_i^2+\omega_i^2-\beta)z=0(i=3,4)$，形成一对向外扩展的涡卷运动.

在区域 D_1、D_2 中，两个平衡点 x_1,x_2 对应特征值 $\gamma_{1,2}=-8.775\ 7,\sigma_{1,2}\pm j\omega_{1,2}=0.143\ 1\pm4.034\ 9j$。

它满足 $|\sigma_{1,2}|<|\gamma_{1,2}|$，以及 $\sigma_{1,2}\gamma_{1,2}<0$，由于 $\gamma_{1,2}>0$，$\sigma_{1,2}<0$，由 Shil'nikov 定理，混沌相轨迹在区域 1、2 中分别沿各自直线方程

$$\frac{x}{\gamma_i^2+\gamma_i+\beta}=\frac{y}{\gamma_i}=\frac{z}{-\beta}(i=1,2) \tag{2-25}$$

所代表的方向，形成一对键波运动（即单向运动）。区域 0、3、4 中三个区域之间的涡卷运动通过区域 1、2 中的两个键波运动联系起来，最后形成了一个三涡卷混沌吸引子。

2.2.2　基于正弦函数的多涡卷混沌系统

Tang 等人提出利用正弦函数和绝对值作为非线性项[20]，利用 AD639 芯片在蔡氏电路中产生了多涡卷，涡卷数量多达 9 个，由于人们所能提出的硬件产生多涡卷混沌电路的类型和数量是十分有限的[13-15]，寻找和发现能产生大数量涡卷的混沌方程及其硬件实现仍然是一个富有挑战性的课题。

在此基础上，文献提出了一种基于非线性为倍角余弦函数的混沌状态方程，倍角余弦函数的输入信号可以为 x、z 两种不同的形式，并能在同一个混沌系统中产生不同类型的多涡卷混沌吸引子，这类多涡卷混沌吸引子的相图均具有相互嵌套的拓扑结构。基于无倍角、无比例压缩的正弦函数产生多涡卷的混沌电路，其无量纲状态方程为：

$$\begin{cases}\dfrac{\mathrm{d}x}{\mathrm{d}\tau}=-x+ay-bf(u)\\[2mm]\dfrac{\mathrm{d}y}{\mathrm{d}\tau}=ax-cz\\[2mm]\dfrac{\mathrm{d}z}{\mathrm{d}\tau}=\mathrm{d}y-z\end{cases} \tag{2-26}$$

式中 $a=6.7,b=5.85,c=3.52,d$ 为控制涡卷数量的可调参数，$f(u)$ 为一种输入输出特性非线性函数，其数学表达式为

$$f(u) = -\sin(u) \cdot g(u) \tag{2-27}$$

式中 $g(u)$ 为限制正弦函数宽度的门函数，其数学表达式为：

$$
\begin{cases}
g(u) = 0.5[\mathrm{sgn}(u - U_1) - \mathrm{sgn}(u - U_2)] \\
U_1 = -(M - 0.25)T = -2\pi(M - 0.25) \\
U_2 = (N - 0.25)T = 2\pi(N - 0.25)
\end{cases}
\tag{2-28}
$$

其中 U_1 和 U_2 为阶跃函数的跃变值，$M = 1$，$N = 2$，$T = 2\pi$ 为周期，$U_2 - U_1$ 为 $g(u)$ 的宽度。其中 $f(u) = -\sin(u) \cdot g(u)$ 的仿真特性曲线，见图 2-13。

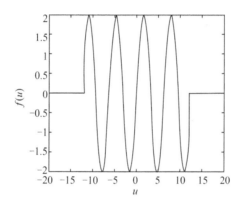

图 2-13　正弦函数仿真曲线

需要指出的是，多涡卷变形蔡氏系统和上一章中基于多项式的三涡卷混沌系统不同的是：

（1）该多涡卷混沌系统中的非线性函数可以是 $f(x) \cdot f(z)$ 两种形式，而三涡卷混沌系统只能为 $f(x)$。

（2）经过分析可知，该多涡卷混沌系统的最大李氏指数远大于三涡卷混沌系统中的最大李氏指数，前者可以超过 1，而后者则小于 0.3。

（3）两者之间混沌吸引子相图同样经过数值仿真可以得到基于正弦函数的多涡卷混沌系统相图中的各个涡卷之间具有相互嵌套的几何结构。

下面来谈基于非线性为 2^n 倍角正弦函数的混沌系统：

根据上一节提出的基于无倍角、无比例变换的混沌系统，直接利用 $f(u)=-\sin(u) \cdot g(u)$，其中 $g(\cdot)$，可以产生大约 3.5 个周期正弦函数。当采用 2^n 次倍角变换，可以产生大约 3.5×2^n 个周期正弦函数，并且可以利用门函数 $g(\cdot)$ 控制正弦函数的周期数。

在此基础上提出基于非线性为 2^n 倍角余弦、有比例压缩因子 k_0（为以后便于电路硬件实现）的无量纲状态方程为：

$$\begin{cases} \dfrac{\mathrm{d}x}{\mathrm{d}\tau} = -x + ay - bf(2^n k_0 u) \\[2mm] \dfrac{\mathrm{d}y}{\mathrm{d}\tau} = ax - cz \\[2mm] \dfrac{\mathrm{d}z}{\mathrm{d}\tau} = \mathrm{d}y - z \end{cases} \tag{2-29}$$

式中 $k_0=5$ 为比例压缩因子，$a=6.7$，$b=5.85/(2^n k_0)$，$c=3.52$，d 为控制涡卷数量的可调参数。其中 $f(2^n k_0 u)=\cos(2^n k_0 u) \cdot g(2^n k_0 u)$，而 $g(2^n k_0 u)$ 为限制正弦函数宽度的门函数，其数学表达式为

$$\begin{cases} g(2^n k_0 u) = 0.5[\mathrm{sgn}(u-U_1) - \mathrm{sgn}(u-U_2)] \\[2mm] U_1 = -(M+0.75)T = -2\pi(M+0.75)/(2^n k_0) \\[2mm] U_2 = (N+0.25)T = 2\pi(N+0.25)/(2^n k_0) \end{cases} \tag{2-30}$$

其中 U_1、U_2 为阶跃函数跃变值，M、N 为正整数，$T=2\pi/(2^n k_0)$ 为周期，U_2-U_1 为门函数 $g(2^n k_0 u)$ 的宽度。

根据式（2-26）提出的无量纲混沌状态方程，设 $M=N=2$，可以得到 $U_1=-2\pi(2-0.25)/k_0=-2.2$ V，$U_2=2\pi(2-0.25)/k_0=2.2$ V，可以产生 4 个涡卷。分别讨论变量 u 为两种不同控制信号时的情况：

（1）设 $u=x$，控制参数 $d=15.5$，$R_b=6.45$ kΩ，得到第一种 4 涡卷混沌吸引子的数值仿真结果见图 2-14。

（2）设 $u=z$，控制参数 $d=24.5$，$R_b=4.1$ kΩ，得到第二种 4 涡卷混沌吸引子的数值仿真结果见图 2-15。

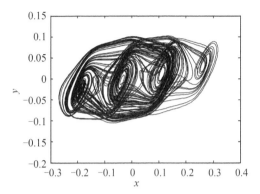

图 2-14　第一种 4 涡卷混沌吸引子仿真结果

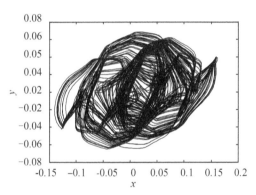

图 2-15　第二种 4 涡卷混沌吸引子仿真结果

根据式(2-29)提出的无量纲混沌状态方程,这里考虑选取 8 倍角余弦函数法产生多涡卷混沌吸引子[25-26]的情况,令 $n=3$,$u=x$,$u=z$,可以得到两种不同拓扑结构的多涡卷混沌吸引子,在这两类混沌吸引子中,参数 d,正整数 M、N 与涡卷数量的关系见表 2-2、表 2-3。

表 2-2　8 倍角时第一种混沌吸引子的参数 d,M,N 与涡卷数量对应关系

d	20	17	15.5	14.2	13.8	13.6	13.3	13.2	13.2
M	0	1	1	2	2	3	3	4	4
N	1	1	2	2	3	3	4	4	5
涡卷数量	2	3	4	5	6	7	8	9	10

续表

d	13.2	13.1	13	13	13	13	12.9	12.9	12.9
M	5	5	6	6	7	7	8	8	9
N	5	6	6	7	7	8	8	9	9
涡卷数量	11	12	13	14	15	16	17	18	19

表 2-3　8 倍角时第二种混沌吸引子的参数 d,M,N 与涡卷数量对应关系

d	22.5	20.5	18.5	16.5	15.5	15.5	15	14.8	14.5
M	1	1	2	2	3	3	4	4	5
N	1	2	2	3	3	4	4	5	5
涡卷数量	3	4	5	6	7	8	9	10	11

根据表格中对应的参数,得到基于正弦函数的多涡卷混沌系统第一种 19 个涡卷、第二种 11 个涡卷,数值仿真混沌吸引子相图如图 2-16、图 2-17。

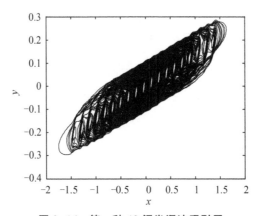

图 2-16　第一种 19 涡卷混沌吸引子

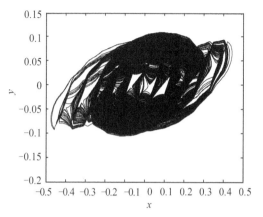

图 2-17   第二种 11 涡卷混沌吸引子

为了证实基于正弦函数的混沌系统是混沌的,以第一种多涡卷混沌动力学系统为例,绘制参数 d 在 $[12.9, 35]$ 范围内改变时的分叉图与最大李氏指数谱,如图 2-18、图 2-19 所示。显然,随着参数 d 由大变小,系统从倍周期分叉进入混沌状态,最大李氏指数可以达到 1 以上,而典型蔡氏混沌系统最大李氏指数不超过 0.3[10],因此,式(2-29)无量纲状态方程所表示的混沌系统,其最大李指数要比典型蔡氏电路的最大李氏指数大得多。

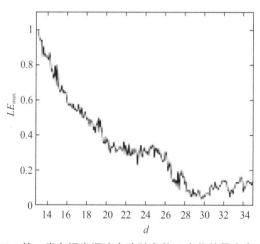

图 2-18   第一类多涡卷混沌电路随参数 d 变化的最大李氏指数

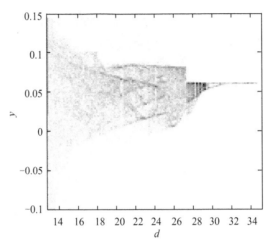

图 2-19　第一类多涡卷混沌电路随参数 d 变化分叉图

为了进一步分析倍角余弦混沌吸引子无量纲状态方程(2-29)的基本动力学特性,在分析分叉图、最大李氏指数的基础上,本节对该方程的平衡点与特征值进行分析和计算[5]。

令 $\dfrac{\mathrm{d}x}{\mathrm{d}\tau}=0,\dfrac{\mathrm{d}y}{\mathrm{d}\tau}=0,\dfrac{\mathrm{d}z}{\mathrm{d}\tau}=0$,得到系统的平衡点方程为

$$\begin{cases} \cos(8k_0u_e)g(8k_0u_e)=\left(\dfrac{a^2}{bcd}-\dfrac{1}{b}\right)x_e \\[2mm] y_e=\dfrac{a}{cd}x_e \\[2mm] z_e=\dfrac{a}{c}x_e \end{cases} \tag{2-31}$$

其中 $g(8k_0u_e)=0.5[\operatorname{sgn}(u_e-U_1)-\operatorname{sgn}(u_e-U_2)]$, $U_1=-2\pi(M+0.75)/(8k_0)$, $U_2=2\pi(M+0.25)/(8k_0)$ 。

根据上述研究结果,同一个混沌系统产生两种多涡卷混沌吸引子,其基本的动力学特性是相近的,下面以第一种混沌系统产生 4 涡卷吸引子为例,分析系统的平衡点。

令 $u_e=x_e,M=1,N=2,k_0=5,a=6.7,b=0.146\ 2,c=3.52,d=15.5$,

得到 4 涡卷的平衡点分布如图 2-20 所示。

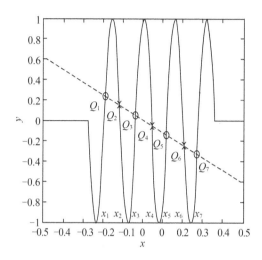

图 2-20　4 涡卷平衡点对应的分布图

根据式(2-31)，通过数值计算，得到上图中各个平衡点的值为

$$\begin{cases} \boldsymbol{Q}_1(-0.190\,0,\,-0.023\,3,\,-0.361\,6) \\ \boldsymbol{Q}_2(-0.120\,0,\,-0.014\,7,\,-0.228\,4) \\ \boldsymbol{Q}_3(-0.035\,0,\,-0.004\,3,\,-0.066\,6) \\ \boldsymbol{Q}_4(+0.040\,0,\,+0.004\,9,\,+0.076\,1) \\ \boldsymbol{Q}_5(+0.200\,0,\,+0.024\,6,\,+0.380\,7) \\ \boldsymbol{Q}_6(+0.270\,0,\,+0.033\,2,\,+0.513\,9) \\ \boldsymbol{Q}_7(+0.270\,0,\,+0.033\,2,\,+0.513\,9) \end{cases} \tag{2-32}$$

对式(2-29)作线性化处理，得到平衡点附近线性化后的 Jacobian 矩阵为

$$\boldsymbol{J}_Q = \begin{bmatrix} -1+8k_0 b\sin(8k_0 x) & a & 0 \\ a & 0 & -c \\ 0 & d & -1 \end{bmatrix}_Q \tag{2-33}$$

进一步得到对应平衡点的特征值为：

$$\begin{cases} Q_1: \gamma_1 = -9.483\ 0, \sigma_1 \pm jw_1 = +0.910\ 3 \pm 5.724\ 4j \\ Q_2: \gamma_2 = +8.018\ 4, \sigma_2 \pm jw_2 = -2.095\ 4 \pm 5.835\ 7j \\ Q_3: \gamma_3 = -9.581\ 2, \sigma_3 \pm jw_3 = +0.908\ 2 \pm 5.745\ 7j \\ Q_4: \gamma_4 = +8.037\ 0, \sigma_4 \pm jw_4 = -2.094\ 7 \pm 5.840\ 0j \\ Q_5: \gamma_5 = -9.641\ 1, \sigma_5 \pm jw_5 = +0.906\ 8 \pm 5.758\ 4j \\ Q_6: \gamma_6 = +7.981\ 4, \sigma_6 \pm jw_6 = -2.096\ 8 \pm 5.827\ 2j \\ Q_7: \gamma_7 = -9.555\ 9, \sigma_7 \pm jw_7 = +0.908\ 7 \pm 5.740\ 2j \end{cases} \quad (2\text{-}34)$$

由上述的特征值可知,图中 Q_1、Q_3、Q_5、Q_7 为指标 2 的鞍点,平衡点之间产生键波,可以产生相对应的 4 涡卷,而平衡点 Q_2、Q_4、Q_6 则为指标 1 的鞍点。

第二类基于光滑正余弦非线性的多涡卷混沌系统,通过倍角的方法可以产生大量单方向涡卷数量,修改不同的自变量 x、z 可以得到两种不同拓扑结构的混沌吸引子相图,在此基础上对该系统的最大李氏指数、分叉图、平衡点进行了分析,证实了该系统的混沌特性。

2.3
第三类混沌系统

在连续混沌系统中最常见的非线性函数表现为两个自变量交叉乘积，它在混沌动力学系统中占有非常重要的地位。最早由美国国家科学院院士、混沌之父 E. N. Lorenz 发现了第一个混沌系统，即 LORENZ 混沌系统。它的非线性函数即表现为含有两个交叉乘积项的非线性函数。随后，LORENZ 系统的模型成为众多学者研究混沌理论的出发点和基础，又陆陆续续地发现了 CHEN 系统、LIU 系统、Rucklidge 系统等等。虽然这些混沌系统与 LORENZ 系统类似，但它们之间不拓扑等价而且更复杂。这些基于交叉乘积项的非线性函数构成的混沌系统可以归类到第三类混沌系统。

鉴于广义 LORENZ 系统族的混沌特性研究较为充分，各类文献从混沌的概念及分岔图、lyapunov 指数、平衡点分析和混沌相轨迹拉伸折叠方式等定量给出了详细的分析结果，这里不再给出详细的过程。另外，读者也可参考 2.1 节和 2.2 节的混沌系统的分析方法自行思考。

2.3.1 LORENZ 混沌系统数值仿真

LORENZ 系统的无量纲状态方程为：

$$\begin{cases} \dfrac{\mathrm{d}x}{\mathrm{d}\tau} = -a(x-y) \\[2mm] \dfrac{\mathrm{d}y}{\mathrm{d}\tau} = bx - xz - y \\[2mm] \dfrac{\mathrm{d}z}{\mathrm{d}\tau} = -cz + xy \end{cases} \tag{2-35}$$

式中 $a=10, b=30, c=8/3$,非线性函数为自变量为 x,y,z 交叉乘积在 xz,
xy 的非线性项。它在 LORENZ 系统中可以产生一个典型的双翅膀混沌系统。
同样,通过编制 MATLAB 程序可以得到它解的数值仿真相图,如图 2-21 所示。

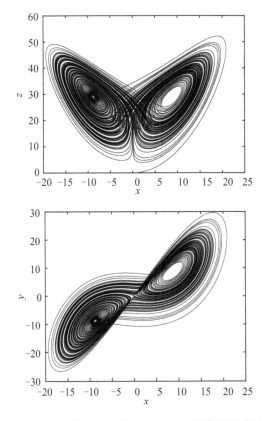

图 2-21　双翅膀混沌吸引 MATLAB 程序数值仿真结果

为了实现式(2-35)自变量为 x,y,z 的数值解的过程,可以考虑将其两端
积分得到:

$$\begin{cases} x = \int [-a(x-y)]\mathrm{d}\tau \\ y = \int [bx - xz - y]\mathrm{d}\tau \\ z = \int [-cz + xy]\mathrm{d}\tau \end{cases} \tag{2-36}$$

在此基础上,利用 MATLAB 软件的可视化 Simulink 的工具箱,按照式(2-36)的方程结构,选择增益模块 G、求和模块 Sum、乘法器模块 Product 和积分模块 s。根据式(2-36)再将积分得到的自变量 x,y,z 反馈到增益、求和和乘法器模块中,如图 2-22 所示。最后,可通过输出 Out 看得到 x,y,z 解构成双翅膀混沌吸引子相图,如图 2-23 所示。

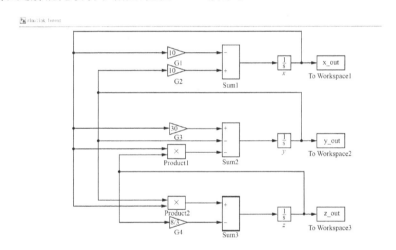

图 2-22 基于 LORENZ 系统的 Simulink 可视化仿真模块

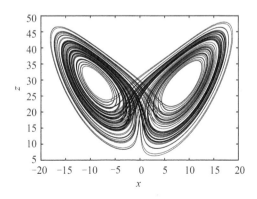

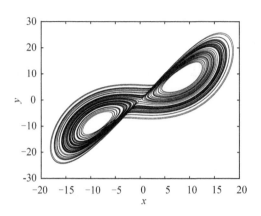

图 2-23　LORENZ 双翅膀混沌吸引子的 Simulink 仿真结果

很显然，LORENZ 系统基于 MATALB 软件的计算机程序编写数值仿真和 Simulink 可视化仿真的结果完全相同。在研究混沌系统时，可以根据混沌系统拓扑结构和形式选择合适的数值仿真方法获取最优的仿真时间。

2.3.2　CHEN 混沌系统的 Simulink 仿真

香港城市大学陈关荣教授利用反控制方式发现了一个新的混沌 CHEN 系统，其非线性函数仍然为自变量为 x,y,z 交叉乘积在 xz,xy 的非线性项。尽管该系统在形式上与 LORENZ 系统相似，但它们完全在拓扑上不等价。陈关荣教授根据混沌的概念及通往混沌的途径论证该吸引子与其他形式的混沌吸引子不同。CHEN 系统的无量纲状态方程表述为：

$$\begin{cases} \dfrac{\mathrm{d}x}{\mathrm{d}\tau} = -a(x-y) \\[2ex] \dfrac{\mathrm{d}y}{\mathrm{d}\tau} = (c-a)x - xz + cy \\[2ex] \dfrac{\mathrm{d}z}{\mathrm{d}\tau} = -bz + xy \end{cases} \tag{2-37}$$

其中 a,b,c 为 CHEN 系统参数，若采用 Simulink 可视化仿真方法，则需要将(2-37)转换为积分形式为：

$$\begin{cases} x = \int [-a(x-y)]\mathrm{d}\tau \\ y = \int [(c-a)x - xz + cy]\mathrm{d}\tau \\ z = \int [-bz + xy]\mathrm{d}\tau \end{cases} \quad (2\text{-}38)$$

令参数 $a=35, b=3, c=28$，选择增益模块 G、求和模块 Sum、乘法器模块 Product 和积分模块 s，按照式(2-38)的结构对其 Simulink 仿真。它的可视化仿真模块如图 2-24 所示，仿真结果如图 2-25 所示。

MATALB 软件强大的数值计算能力、丰富的数学工具箱以及可视化模块为混沌动力学的理论研究和应用提供了强大的数学运算和分析基础。正是由于计算机强大的运算能力，发现了 LOREN 混沌系统。随着计算机硬件的发展与其配套的数学运算软件丰富和不断更新，通过各种数值仿真软件，采用试探法、穷举法、反控制法又发现了许多混沌动力学系统[16]。将这些混沌系统按照非线性函数的特点归纳起来，大体上也就是这三类混沌系统。

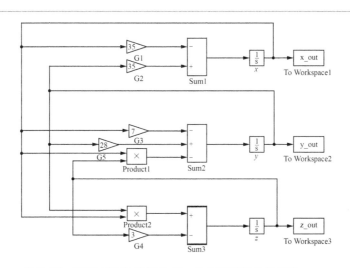

图 2-24　基于 CHEN 系统的 Simulink 可视化仿真模块

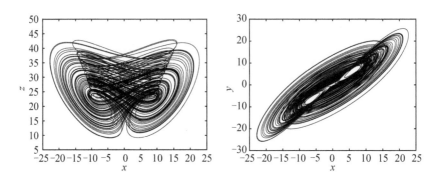

图 2-25   CHEN 双翅膀混沌吸引子的 Simulink 仿真结果

第三章

混沌系统电路设计

　　混沌系统的电路实现是论证该混沌系统存在性的最为直接、最为有力的现实依据。自 1983 年著名美籍华人蔡少棠教授设计第一个由全模拟电路实现的蔡氏混沌系统以来,众多专家学者设计并实现了大量其他类型的混沌电路,这些混沌电路的实现为混沌理论及其在通信、控制领域的应用发挥着基础性的作用[1]。蔡氏混沌电路由最基本的线性电路和非线性蔡氏二极管构成,如图 2-5 所示,其电路结构简单,根据电路的基本规则和混沌系统特点进行个性化设计,很容易通过示波器观测到混沌吸引子相图结果。

3.1
混沌电路中线性元件

　　在典型的蔡氏混沌电路中仅仅使用到了 5 个电子元件,其中 1 个是非线性元件蔡氏二极管,其余由 2 个电容元件、1 个电感元件和 1 个电阻元件组成线性电路。随后,设计的众多种类的混沌系统电路除了非线性元件外,它们的线性电路设计总是含有多个电阻、电容、电感和运算放大器元件[2,3],按照混沌系统的拓扑结构依照电路规则组合而成。

　　电阻元件具有描述消耗电能的性质,根据欧姆定律 $u = iR$。即电阻元件上的电压与通过的电流呈线性关系,如图 3-1 所示。

　　电容元件描述电容两端加电源后,其两个极板上分别聚集起等量异号的电荷,在介质中建立起电场,并储存电场能量的性质。当电压 u 变化时,在电

路中产生电流为 $i = C \dfrac{\mathrm{d}u}{\mathrm{d}t}$，如图 3-2 所示。

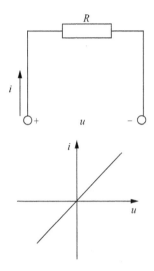

图 3-1　电阻的伏安特性

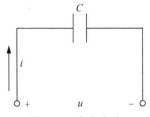

图 3-2　电容电路

电感元件描述线圈通有电流时产生磁场、储存磁场能量的性质。当电流 i 变化时，电感电路的伏安特性为 $u = L \dfrac{\mathrm{d}i}{\mathrm{d}t}$，如图 3-3 所示。

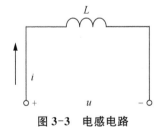

图 3-3　电感电路

运算放大器也通常应用于混沌电路的线性部分和非线性部分,应用于线性部分则可以实现电路信号的加减法、积分微分、反向等线性运算,也可以利用运算放大器饱和特性实现信号的非线性处理。因此,运算放大器在混沌电路的设计中起着非常重要的作用。运算放大器主要包括它的同相输入端、反向输入端和输出端三部分。利用运算放大器输入端的虚短和续断的概念来实现各种电路的功能,其电路如图 3-4 所示。

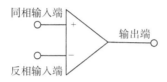

图 3-4　运算放大器

3.2
混沌电路线性部分设计方法

　　混沌电路的设计一般可以分为个性化设计方法、模块化设计方法和混合式设计方法。其中个性化设计的最为突出的优点是电路元器件数量少，需要学者掌握很强的电路设计技巧和丰富的电路知识。尽管在蔡氏混沌电路中只用了 5 个电子元件，但是不同混沌系统具有不同的拓扑结构。因此，很难用相同的方式设计其他类型的混沌电路，一般不具备混沌电路设计的通用性和普适性。模块化设计混沌电路的方法可以很好地避免以上的缺点。该方法是一种基于无量纲状态方程的混沌电路的通用化设计方法，根据混沌系统的非线性函数的不同分为三大类，它们的线性部分是相通的，主要包括了加减法电路、积分电路和微分电路等。这样，模块化设计的思想即可以使用运算放大器电路以及电阻、电容和电感来设计这些线性运算模块。至于，混合式混沌电路设计方法，虽然在模块化设计的框架下一定程度上减少了电子元件和运放的使用，但是仍然需要学者具有一定的电路先验知识。

3.2.1 混沌系统的通用模块化电路设计

根据混沌动力学方程组的拓扑形式,将 N 阶无量纲的混沌系统状态方程可以统一归纳为更一般的形式:

$$
\begin{cases}
\dot{x}_1 = \sum_{n=1}^{N} a_{1,i}x_i + \sum_{j=1}^{N}\sum_{k=1}^{N} b_{1,jk}x_jx_k + \cdots + \underbrace{\sum_{j=1}^{N}\sum_{k=1}^{N}\cdots\sum_{l=1}^{N}}_{N} b_{1,jk\cdots l}x_jx_k\cdots x_l + \\
\quad f_1(x_1,x_2,\cdots,x_N) \\
\dot{x}_2 = \sum_{n=1}^{N} a_{2,i}x_i + \sum_{j=1}^{N}\sum_{k=1}^{N} b_{2,jk}x_jx_k + \cdots + \underbrace{\sum_{j=1}^{N}\sum_{k=1}^{N}\cdots\sum_{l=1}^{N}}_{N} b_{2,jk\cdots l}x_jx_k\cdots x_l + \\
\quad f_2(x_1,x_2,\cdots,x_N) \\
\cdots\cdots \\
\dot{x}_N = \sum_{n=1}^{N} a_{N,i}x_i + \sum_{j=1}^{N}\sum_{k=1}^{N} b_{N,jk}x_jx_k + \cdots + \underbrace{\sum_{j=1}^{N}\sum_{k=1}^{N}\cdots\sum_{l=1}^{N}}_{N} b_{N,jk\cdots l}x_jx_k\cdots x_l + \\
\quad f_N(x_1,x_2,\cdots,x_N)
\end{cases}
$$

$$(3-1)$$

式中第一个求和项为线性项,其余求和项为交叉乘积项,$f_i(x_1,x_2,\cdots,x_N)(i=1,2,\cdots,N)$ 为其他类型的非线性函数。当交叉项的参数 $b_{i,jk}$ 为 0,非线性函数 $f_i(x_i)$ 为分段线性函数时,则为第一类混沌系统;当交叉项的参数 $b_{i,jk}$ 为 0,非线性函数 $f_i(x_i)$ 为光滑连续非线性函数时,则为第二类混沌系统;当交叉项的参数 $b_{i,jk}$ 不为零,非线性函数 $f_i(x_i)$ 为 0 时,则为第三类混沌系统。

通过这三类典型的混沌系统数值仿真结果来看,混沌吸引子相图数值范围广,而电子元件和器件的电压、电流和功率的动态范围有限[3]。为了解决混沌系统与混沌电路实现之间的矛盾,必须要将混沌系统进行压缩处理。对式(3-1)作等变量比例压缩变换,设 $x'_i=kx_i(i=1,2,\cdots,N)$,$k\leqslant1$ 为变量比例压缩因子,$k>1$ 为变量比例扩张因子。因此,式(3-1)经变量比例变换后有:

$$
\begin{cases}
\dot{x}'_1 = \sum_{n=1}^{N} a_{1,i} x'_i + \frac{1}{k} \sum_{j=1}^{N} \sum_{k=1}^{N} b_{1,jk} x'_i x'_j + \cdots + \frac{1}{k^{N-1}} \underbrace{\sum_{j=1}^{N} \sum_{k=1}^{N} \cdots \sum_{l=1}^{N}}_{N} \\
\quad b_{1,jk\cdots l} x'_j x'_k \cdots x'_l + k f_1 \left(\frac{1}{k} x'_1, \frac{1}{k} x'_2, \cdots, \frac{1}{k} x'_N \right) \\[2mm]
\dot{x}'_2 = \sum_{n=1}^{N} a_{2,i} x'_i + \frac{1}{k} \sum_{j=1}^{N} \sum_{k=1}^{N} b_{2,jk} x'_i x'_j + \cdots + \frac{1}{k^{N-1}} \underbrace{\sum_{j=1}^{N} \sum_{k=1}^{N} \cdots \sum_{l=1}^{N}}_{N} \\
\quad b_{2,jk\cdots l} x'_j x'_k \cdots x'_l + k f_2 \left(\frac{1}{k} x'_1, \frac{1}{k} x'_2, \cdots, \frac{1}{k} x'_N \right) \\[2mm]
\cdots\cdots \\[2mm]
\dot{x}'_N = \sum_{n=1}^{N} a_{N,i} x'_i + \frac{1}{k} \sum_{j=1}^{N} \sum_{k=1}^{N} b_{N,jk} x'_i x'_j + \cdots + \frac{1}{k^{N-1}} \underbrace{\sum_{j=1}^{N} \sum_{k=1}^{N} \cdots \sum_{l=1}^{N}}_{N} \\
\quad b_{N,jk\cdots l} x'_j x'_k \cdots x'_l + k f_N \left(\frac{1}{k} x'_1, \frac{1}{k} x'_2, \cdots, \frac{1}{k} x'_N \right)
\end{cases}
$$

$$(3-2)$$

需要特别强调的是,混沌系统模块化设计电路时,利用运算放大器实现加减法运算、反相比例运算等运算时,主要是考虑到实际电路中运算放大器的动态范围有限的原因,需要对式(3-1)进行变量比例压缩变换。常用的运算放大器如 TL082 等,电源电压为 ±15 V,线性动态范围只有 ±13.5 V。而对于许多连续混沌系统,其无量纲状态方程中变量的动态范围一般将远远超出运算放大器的线性动态范围,如果不对原方程作变量比例压缩变换,就无法用硬件电路加以实现。k 的实际大小可视具体情况而定。一般通过变量比例压缩后,可将变量的变化范围限制在运算放大器的动态范围之内即可。模块化设计流程框图如图 3-5 所示。

混沌电路通用化模块组成:反相器模块、反相积分器模块、反相加法比例运算器模块、非线性函数产生模块。设计过程根据流程图主要分为五步:

第一步,变量比例压缩变换。首先利用 MATLAB 对系统进行仿真,看其相图中的变量是否超出线性动态范围,若没有超出,则不用作 k 变量比例压

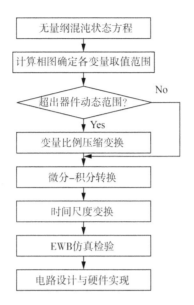

图 3-5　混沌电路模块化设计流程

缩变换,若超出了则需要作 k 变量比例压缩变换。

第二步,作微分-积分转换。

第三步,作时间尺度变换。

第四步,由于模块电路中使用了反相加法比例运算器,将积分方程作标准化处理。

第五步,根据标准积分方程,可得相应的模块化电路设计结果。

很显然,第一步流程可以具体参考式(3-1)比例压缩或比例扩张至式(3-2),至于具体压缩或扩张倍数则由运算放大器等芯片的最大动态范围决定。

需要强调的是,鉴于混沌动力学微分方程组的微分形式设计混沌电路时,若对混沌信号直接采用微分过程,则随机跃变的混沌信号会瞬时产生畸变现象,最终可能导致混沌电路设计的失败。因此,需要根据步骤二将混沌动力学方程组的微分形式转换成积分形式,具体为:

$$
\begin{cases}
x'_1 = \int \left[\sum_{n=1}^{N} a_{1,i} x'_i + \frac{1}{k} \sum_{j=1}^{N} \sum_{k=1}^{N} b_{1,jk} x'_i x'_j + \cdots + \frac{1}{k^{N-1}} \underbrace{\sum_{j=1}^{N} \sum_{k=1}^{N} \cdots \sum_{l=1}^{N}}_{N} \right. \\
\left. b_{1,jk \cdots l} x'_j x'_k \cdots x'_l + k f_1 \left(\frac{1}{k} x'_1, \frac{1}{k} x'_2, \cdots \frac{1}{k} x'_N \right) \right] dt \\[2mm]
x'_2 = \int \left[\sum_{n=1}^{N} a_{2,i} x'_i + \frac{1}{k} \sum_{j=1}^{N} \sum_{k=1}^{N} b_{2,jk} x'_i x'_j + \cdots + \frac{1}{k^{N-1}} \underbrace{\sum_{j=1}^{N} \sum_{k=1}^{N} \cdots \sum_{l=1}^{N}}_{N} \right. \\
\left. b_{2,jk \cdots l} x'_j x'_k \cdots x'_l + k f_2 \left(\frac{1}{k} x'_1, \frac{1}{k} x'_2, \cdots \frac{1}{k} x'_N \right) \right] dt \\[2mm]
\cdots\cdots \\[2mm]
x'_N = \int \left[\sum_{n=1}^{N} a_{N,i} x'_i + \frac{1}{k} \sum_{j=1}^{N} \sum_{k=1}^{N} b_{N,jk} x'_i x'_j + \cdots + \frac{1}{k^{N-1}} \underbrace{\sum_{j=1}^{N} \sum_{k=1}^{N} \cdots \sum_{l=1}^{N}}_{N} \right. \\
\left. b_{N,jk \cdots l} x'_j x'_k \cdots x'_l + k f_N \left(\frac{1}{k} x'_1, \frac{1}{k} x'_2, \cdots \frac{1}{k} x'_N \right) \right] dt
\end{cases}
$$

$$(3-3)$$

混沌电路模块化设计尺度变换的目的是使得混沌信号积分时间混沌系统频谱范围能够赶上混沌电路及器件的变化。后文将逐一介绍具体混沌电路的反向加法模块、反向比例和积分模块的功能和作用。

3.2.2 基于运算放大器的线性运算电路

通用模块化混沌电路[4]的线性部分由反相加法比例运算电路、反相比例加法运算电路、反相器和反相积分器电路[5]三部分组成。

（1）反相加法比例运算电路

输入和输出信号反相加法运算电路如图 3-6 所示，得运算关系式为：

$$
y = -R_f \left(\frac{x_1}{R_1} + \frac{x_2}{R_2} + \frac{x_3}{R_3} \right) = -K_1 x_1 - K_2 x_2 - K_3 x_3 \qquad (3-4)
$$

式中 $K_1 = \dfrac{R_f}{R_1}$，$K_2 = \dfrac{R_f}{R_2}$，$K_3 = \dfrac{R_f}{R_3}$ 为比例系数。由此可知，反相加法比例运算电路的优点是各个比例系数的计算非常简单，并且独立可调。

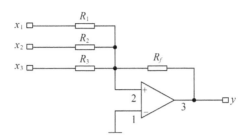

图 3-6　反相加法比例运算电路

（2）反相比例运算电路和反相器

反相比例运算电路和反相器是反相加法器的一个特例，即反相比例运算电路中只有一个输入信号，其余接地。其运算关系为：

$$y = -(R_f/R_1)x = -Kx \tag{3-5}$$

当 $R_f = R_1$ 时，比例系数 $K=1$，图 3-6 为反相器。

（3）反相积分器

反相积分器是用于混沌电路设计的一个十分重要的单元电路，是构成多阶微分方程的关键，考虑到微分电路对实际的电路信号会产生跃变，信号容易产生畸变，故将微分方程转换为积分形式。如图 3-7 所示，其运算关系式为：

$$y = -\frac{1}{R_0 C_0}\int x\,\mathrm{d}t \tag{3-6}$$

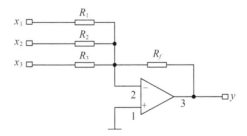

图 3-7　反相积分器

根据电路理论，式(3-6)中的 $\tau_0 = R_0 C_0$ 为积分时间常数，$1/(R_0 C_0)$ 的物理解释是时间尺度变换因子，它是混沌电路设计中的一个非常重要的参数。

利用这种时间尺度变换因子,可改变混沌信号在时域中变化的快慢以及混沌信号的频谱分析范围,从而实现对混沌电路进行合理的设计。

这样就可以将式(3-3)用混沌模块化设计思想给出它的电路设计框图,如图3-8所示。

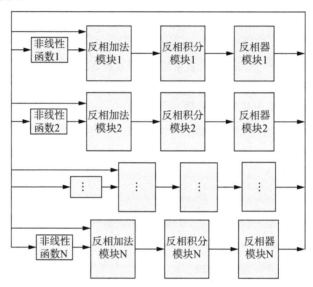

图3-8　模块化混沌电路框图

3.3
混沌电路非线性部分设计方法

3.3.1　非线性模拟电路

　　混沌动力学系统能够产生丰富的混沌信号,其主要部分就是非线性函数形成的。因此,非线性函数电路的设计就显得非常关键。根据混沌系统非线性函数的划分,给出典型的蔡氏混沌系统、LORENZ 系统和多项式的三涡卷变形蔡氏混沌系统三类非线性电路设计的方法。

3.3.1.1　蔡氏二极管

　　电路中的非线性函数一般是利用运算放大器的正向和反相饱和及其线性放大的特性来构成所需要的各类非线性函数。众所周知,产生双涡卷蔡氏混沌电路的非线性函数是蔡氏二极管,它的分三段线性函数的数学表达式是 $f(x)=m_1 x+0.5(m_0-m_1)[|x+1|-|x-1|]$,其中 $m_0=-1/7, m_1=2/7$。目前,它最常用的方法就是利用双运放和 6 个电阻实现蔡氏二极管非线性的特性构成双涡卷混沌吸引子,其电路见图 3-9 所示,它的三折线伏安特性曲线见图 2-5(b)所示。

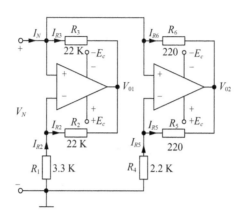

图 3-9　用双运放和 6 个电阻构成蔡氏二极管

1. 分段线性函数转折点电压 B_p 的确定

当运放处于线性放大状态时,对于第一个运放,可得其输出与输入之间的关系为

$$V_1 = \frac{R_1}{R_1 + R_2} V_{01} \tag{3-7}$$

同理,对于第二个运放,其输出与输入之间的关系为

$$V_1 = \frac{R_4}{R_4 + R_5} V_{02} \tag{3-8}$$

很显然,第一个运放将首先进入饱和状态,从而得转折点电压 B_p 为

$$B_p = \frac{R_1}{R_1 + R_2} V_{sat} \tag{3-9}$$

同时,注意到第二个运放进入饱和状态时的转折点电压 B_{p2} 为

$$B_{p2} = \frac{R_4}{R_4 + R_5} V_{sat} \tag{3-10}$$

显然有 $B_{P2} \gg B_p$。在蔡氏电路中,一般情况下,第二个运放不会进入饱和状态。

2. $|V_1| \leqslant B_P$ 时的情况

当 $|V_1| \leqslant B_P$ 时,第一个运放和第二个运放均处于线性放大状态,根据运放虚短虚断的概念,由图 3-9,我们有

$$
\begin{cases}
I_{R3}R_3 = I_{R2}R_2 \Rightarrow I_{R3} = \dfrac{I_{R2}R_2}{R_3} = -\dfrac{R_2}{R_1R_3}V_1 \\[4mm]
I_{R6}R_6 = I_{R5}R_5 \Rightarrow I_{R6} = \dfrac{I_{R5}R_5}{R_6} = -\dfrac{R_5}{R_4R_6}V_1
\end{cases}
\tag{3-11}
$$

进一步可得

$$
\begin{cases}
I_N = I_{R3} + I_{R6} = -\left(\dfrac{R_2}{R_1R_3} + \dfrac{R_5}{R_4R_6}\right)V_1 \\[4mm]
G_a = \dfrac{\partial I_N}{\partial V_1} = -\left(\dfrac{R_2}{R_1R_3} + \dfrac{R_5}{R_4R_6}\right) = -\dfrac{1}{R_1} - \dfrac{1}{R_4}
\end{cases}
\tag{3-12}
$$

3. $B_P < |V_1| < B_{P2}$ 时的情况

当 $B_P < |V_1| < B_{P2}$ 时,第一个运放将首先进入饱和状态,而第二个运放仍然处于线性放大状态。进一步可得

$$
\begin{cases}
I_N = I_{R3} + I_{R6} = \dfrac{V_1 - V_{sat}}{R_3} - \dfrac{R_5}{R_4R_6}V_1 \\[4mm]
G_b = \dfrac{\partial I_N}{\partial V_1} = \dfrac{1}{R_3} - \dfrac{R_5}{R_4R_6} = \dfrac{1}{R_3} - \dfrac{1}{R_4}
\end{cases}
\tag{3-13}
$$

根据式(3-9)、式(3-12)和式(3-13),可得图 2-5(b)所示的蔡氏二极管伏安特性。

4. $|V_1| > B_{P2}$ 时的情况

当 $|V_1| > B_{P2}$ 时,两个运放都进入饱和状态,其等效电路如图 3-10、图 3-11 所示。

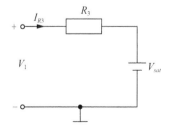

图 3-10   第一个运放饱和时的等效电路

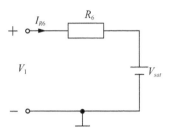

图 3-11　第二个运放饱和时的等效电路

由等效电路,得

$$\begin{cases} I_N = I_{R3} + I_{R6} = \dfrac{V_1 - E_{sat}}{R_3} + \dfrac{V_1 - E_{sat}}{R_6} \\ G_b = \dfrac{\partial I_N}{\partial V_1} = \dfrac{1}{R_3} + \dfrac{1}{R_6} \end{cases} \tag{3-14}$$

由此可知,当$|V_1| > B_{P2}$ 时,$G > 0$ 为正斜率。在蔡氏电路处于混沌状态,并且正常工作时,一般不会出现这种情况。

3.3.1.2　乘法电路

对于第三类混沌系统,它们的非线性函数是混沌系统自变量之间的交叉乘积项的形式。这类非线性电路的设计通常采用乘法器实现,其作用是实现不同混沌信号的硬件乘积。乘法器电路相对简单,按照具体的乘法器芯片规则输入信号,即可在输出端得信号相乘的结果。需要注意的是:

(1) 了解乘法器芯片的输出乘法因子。

(2) 需要了解乘法器芯片电源及其输入输出信号的动态范围。

(3) 根据乘法器芯片提供的乘法公式构建符合混沌系统要求的非线性交叉乘积项。

交叉乘积项表示为 $f = x'_j x'_k \cdots x'_l$,则它的电路可以表示成由多个二输入乘法器的级联,若由 $x'_1 x'_2 x'_3$ 表示交叉乘积,则它的电路图如图 3-12 所示。

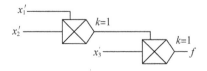

图 3-12　三输入交叉乘积电路

3.3.1.3　多项式电路

自变量为单变量的多项式函数解析为光滑的非线性曲线,其函数可以由自变量为单变量的多个 $n \geqslant 2$ 次方表示,也可以由多个 $n \geqslant 2$ 次方中含有其他非线性组合而成的多项式函数。此外,正弦函数、余弦函数均可展开成其二项式的表达式,是一种特殊的多项式函数。

典型的自变量为单变量的非线性函数的表达式为:

$$f(x) = b_n x^n + b_{n-1} x^{n-1} + \cdots + b_1 x + b_0 \tag{3-15}$$

这类多项式函数由不同系数的 $n \geqslant 2$ 次方相加构成,乘方项可以考虑利用乘法器实现、求和运算则可以通过反相加法电路实现。这里以最为常见的二阶 Duffing 混沌系统[6]的非线性函数 $f(x) = x - x^3$ 为例,介绍其多项式电路的设计方法。

根据 $f(x) = x - x^3$,该多项式由 x、x^3 两项组成。x^3 由两个乘法器级联而成,加法运算则可以通过反相加法电路实现。$f(x) = x - x^3$ 多项式电路如图 3-13 所示。

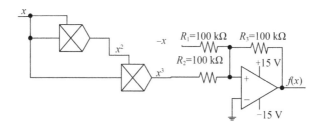

图 3-13　Duffing 混沌系统的非线性多项式函数

因此,根据图 3-13 可以得到:

$$f(x) = -\left[\frac{R_3}{R_1}(-x) + \frac{R_3}{R_2}x^3\right] = \frac{R_3}{R_1}x - \frac{R_3}{R_2}x^3 \tag{3-16}$$

鉴于 Duffing 混沌系统的非线性函数系统均为 1,则 $R_1 = R_2 = R_3 = 100\ \text{k}\Omega$。

对于多项式函数中包含自变量其他形式非线性乘积,这里以第二章式

(2-16)产生三涡卷蔡氏混沌系统的非线性函数为例,介绍这类非线性多项式电路的构造。它的多项式函数表示为:$h(x)=ax+bx|x|+cx^3$,令 $a=0.45,b=-1,c=0.47$。则对应的光滑非线性曲线如图 2-10 所示。

对照非线性函数,该函数含有 ax、$bx|x|$ 和 cx^3 三项。其中 $ax+cx^3$ 可以参照图 3-13 电路设计。这里着重介绍 $bx|x|$ 中,绝对值函数 $|x|$ 电路。它典型的绝对值电路如图 3-14 所示,其中电阻 R_4 和电阻 R_2 之间的电压为 u_1,则根据叠加原理,绝对值电路的输出与输入关系为 $u_0=-u-2u_1$。若 $u<0$,VD_1、VD_2 导通,$u_1=0$,$u_0=-u>0$。若 $u>0$,VD_1 截至,VD_2 导通,$u_1=-u$,$u_0=-u+2u=u>0$。综合上述两种情况,得 $u_0=|u|$。

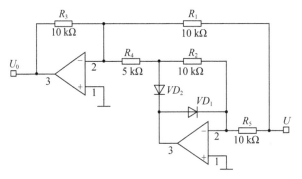

图 3-14　绝对值电路

结合图 3-13,给出 $h(x)=ax+bx|x|+cx^3$ 的非线性电路设计结果如图 3-15 所示。

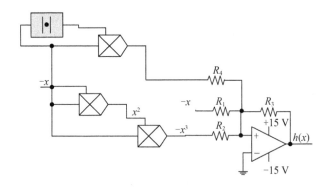

图 3-15　含有绝对值的多项式电路

其中 $|\cdot|$ 是图 3-14 中的绝对值电路,参照式(3-16)的设计方法有:

$$
\begin{aligned}
h(x) &= -\left[\frac{R_3}{R_1}(-x) + \frac{R_3}{R_2}(-x)^3 + \frac{R_3}{R_4}(-x)\mid -x\mid\right] \\
&= \frac{R_3}{R_1}x + \frac{R_3}{R_2}x^3 + \frac{R_3}{R_4}x\mid x\mid
\end{aligned}
\tag{3-17}
$$

其中非线性多项式系数 $a=0.45, b=-1, c=0.47$,令 $R_3=100\ \text{k}\Omega$,则有 $R_1=222.22\ \text{k}\Omega$,$R_2=212.76\ \text{k}\Omega$,$R_4=100\ \text{k}\Omega$。

3.3.2　非线性数模混合电路

众所周知,在构造第一类混沌动力学系统的非线性函数如符号函数、阶梯波函数时,一般都采用运算放大器的特点来构造它们,这种用运放来构造非线性函数的方法已被国内外的混沌学者广泛接受[7,8]。鉴于此,本章提出一种有别于传统的非线性函数构造的新方法,利用模数转换器把模拟信号转换为数字信号,对数字信号按照非线性函数的要求进行数字编码,将编码后的数字信号再通过数模转换器转换为所需要的非线性函数值。

3.3.2.1　符号函数的 A/D 与 D/A 实现

在电子技术中,模数转换器和数模转换器可以实现数字电路和模拟电路联系的桥梁,完成特定信号的处理和转换。常见的转换器转换精度有 4 位、8 位、12 位和 16 位,根据不同的精度要求选择合适转换器[9]。

若有 8 位双极性 A/D 转换器和 8 位单极性 D/A 转换器,输入的模拟信号 x 经过 A/D 转换器时,选取的采样频率与混沌电路模块化设计中的积分电路的积分时间常数有关,通常情况下积分电路为 20 kΩ,积分电容为 33nF,故积分时间常数为 $\tau=20\times10^3\times33\times10^{-9}=660\times10^{-6}$(s),也就是说频率 $f_1=1.5\ \text{kHz}$。

根据奈奎斯特定理[10],为了使信号能够不失真的转换,A/D 转换器的采样频率应为 $f=2f_1=3\ \text{kHz}$。当 $x\geqslant0$ 时,A/D 转换器的最高位为高电平

"1";当 $x<0$ 时,A/D 转换器的最高位为低电平"0"。考虑到 D/A 是 8 位单极性转换器,输入的数字信号全为"0"时,输出为 0 V,当输入的数字信号全为"1"时,输出电压是最大参考电压值(这里选取参考电压为 2 V)。因此,利用 A/D 和 D/A 的特点,把 A/D 转换器的最高位连接到 D/A 转换器的 8 位数字输入端,由于 D/A 转换器是单极性的,所以必须将 D/A 转换后的结果减去最大参考电压的一半[这里选取电压为 $2/2=1$(V)]。如此就能构成所需要的符号函数。具体实现方法见图 3-16。

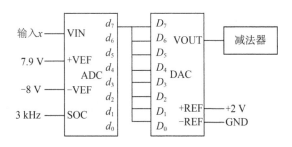

图 3-16　符号函数的实现

3.3.2.2　阶梯波函数的 A/D 与 D/A 实现

利用 A/D 和 D/A 转换器实现符号函数,实现了最为简单的非线性函数的转换。要实现更为复杂的阶梯波函数,利用数字电路中的门电路[11],对 A/D 转换后的数字信号按照阶梯波函数的要求进行数字编码。将编码后的数字信号,送入 D/A 转换器,实现阶梯波函数,具体转换关系见表 3-1。

表 3-1　五阶梯波编码表

输入模拟量 信号 x	A/D 转换数字量 $d_7d_6d_5d_4d_3d_2d_1d_0$	D/A 转换数字量 $D_7D_6D_5D_4D_3D_2D_1D_0$	D/A 输出信号 $f(x)$	阶梯波函数 $g(x)=f(x)-4$
-8	0000 0000	0000 0000	0	-4
-7	0001 0000	0000 0000	0	-4
-6	0010 0000	0000 0000	0	-4
-5	0011 0000	0000 0000	0	-4
-4	0100 0000	0000 0000	0	-4

续表

输入模拟量信号 x	A/D 转换数字量 $d_7d_6d_5d_4d_3d_2d_1d_0$	D/A 转换数字量 $D_7D_6D_5D_4D_3D_2D_1D_0$	D/A 输出信号 $f(x)$	阶梯波函数 $g(x)=f(x)-4$
-3	0101 0000	0100 0000	2	-2
-2	0110 0000	0100 0000	2	-2
-1	0111 0000	1000 0000	4	0
0	1000 0000	1000 0000	4	0
1	1001 0000	1100 0000	6	2
2	1010 0000	1100 0000	6	2
3	1011 0000	1111 1111	8	4
4	1100 0000	1111 1111	8	4
5	1101 0000	1111 1111	8	4
6	1110 0000	1111 1111	8	4
7	1111 0000	1111 1111	8	4

这里以五阶梯波函数为例：

（1）当输入信号 $x<-3$ 时，使 D/A 输出信号为 $f(x)=0$，$g(x)=f(x)-4=-4$。

（2）当输入信号 $-3\leqslant x<-1$ 时，使 D/A 输出信号为 $f(x)=2$，$g(x)=-2$。

（3）当输入信号 $-1\leqslant x<1$ 时，使 D/A 输出信号为 $f(x)=4$，$g(x)=0$。

（4）当输入信号 $1\leqslant x<3$ 时，使 D/A 输出信号为 $f(x)=6$，$g(x)=2$。

（5）当输入信号 $3\leqslant x<8$ 时，使 D/A 输出信号为 $f(x)=8$，$g(x)=4$。

五阶梯波函数如图 3-17 所示。

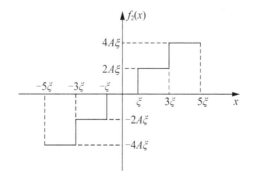

图 3-17　五阶梯波函数

根据信号的输入输出关系，进行数字编码。由卡诺图得：

$$
\begin{cases}
D_7 = d_7 + d_6 d_5 d_4 \\
D_6 = d_7(d_4 + d_5) + d_6(d_4 \oplus d_5) \\
D_5 = d_7(d_6 + d_5 d_4) \\
D_5 = D_4 = D_3 = D_2 = D_1 = D_0
\end{cases}
\tag{3-18}
$$

由 A/D、D/A 及其门电路按照表 3-1 的编码规则构成的五阶梯波函数设计的方法见图 3-18。

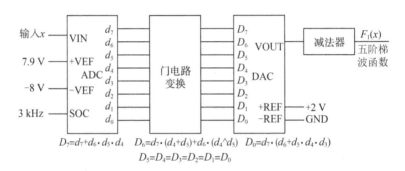

$D_7 = d_7 + d_6 \cdot d_5 \cdot d_4 \quad D_6 = d_7 \cdot (d_4 + d_5) + d_6 \cdot (d_4 \wedge d_5) \quad D_0 = d_7 \cdot (d_6 + d_5 \cdot d_4 \cdot d_3)$
$D_5 = D_4 = D_3 = D_2 = D_1 = D_0$

图 3-18 五阶梯波函数电路设计

3.3.3 基于存储器的非线性电路构造

由于模拟电子器件一般可以实现信号的乘除、指数对数、平方、积分微分等简单的非线性运算，来构成混沌电路的非线性项。随着混沌电路系统复杂程度的增加，信号要能够实现各种复杂的非线性运算，如阶梯波函数、正弦函数或按特定要求变换的函数 $y = f(x)$。把这种函数映射关系对应的数据存储到存储器中，能够实现任意信号的转换。接下来以正弦函数 $F_1(x)$ 为例，介绍其电路的实现方法[13]。

输入信号通过 16 位模数转换器，把得到的数字信号当作存储器的地址，根据事先写在存储器中对应的正弦映射数据关系，存储器输出的数字量通过 16 位数模转换器，转换为需要的信号，如此就能够实现信号的函数转换[12]。

3.3.3.1　电路的整体设计

基于存储器的正弦运算电路能够实现一种按照输入信号的正弦值变化的非线性运算。输入的信号经过模数转换后,通过查找存储器 EPROM 表[13]来完成按正弦值的转换,采用 C 语言来计算正弦函数值,按照模数转换器、数模转换器的编解码规则,用编程的方法,将生成的 4 位 16 进制数的地址(输入),函数值(输出)写到存储器中去,随后再次通过数模转换器转换成模拟信号输出。该电路对于输入输出具有可靠的转换精度,为实现一种基于正弦函数的混沌电路提供了可能。

这里以电路实现 $y = A\sin(kx)$ 的函数功能为例,介绍电路的设计方法[14],其中 $A=5$,$k=10$,输入信号的电压范围$-5\sim+5$ V。采用 AD1380 芯片作为信号的模数转换器,通过两片 74377 触发器当锁存器把数字信号送入 EPROM M27C1024 存储器,根据存储器的输出信号经过 AD669 数模转换器。得到所需要的信号。组成的电路系统框图如图 3-19 所示。

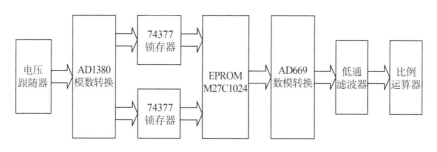

图 3-19　电路系统框图

3.3.3.2　模数转换与锁存器

为了保证函数转换的准确度,采用 16 位的转换精度。考虑到一般的 A/D 还需要外接采样保持电路,所以选择具有采样保持功能的 AD1380 作为 A/D 转换器[12]。

AD1380 是一种低功耗 16 位逐次逼近型 A/D 转换器,将 AD 转换电路、参考电压、时钟脉冲、比较及采样/保持放大器集成在一个芯片上,所有数字输入输出与 TTL 或 COMS 兼容。

由于选择的输入信号的电压范围是−5～＋5 V,AD1380 在不同的输入电压范围引脚的连接方式是不同的,根据文献,芯片 4 脚连接到 5 脚,7 脚断开,输入信号连接到 31 脚,32 脚连接到 6 脚。

当 AD1380 在不同的转换启动信号引脚 START 接收到下降沿信号,复位所有的内部逻辑,收到低电平信号时,启动 A/D 转换,BUSY 引脚变为高电平,当转换结束时,BUSY 变为低电平,用于判断转换是否结束。A/D1380 的最长转换时间是 14 μs,选用由 32.768 kHz(30.5 μs)的晶振和反相器构成的矩形波输入到 START 引脚。

电路中的 AD1380 的数据输出不是 3 态控制的,此在硬件设计时,必须外接锁存器。74377 芯片是具有 8 个带允许端的 8D 触发器,当时钟 CLK 为上升沿时,触发器的输出将随数据(D)输入端变化;CLK 的其他时刻,输出端将被锁存在已经建立起来的数据电平上。

将 AD1380 的 BUSY 引脚通过反相器输出到 74377 的时钟端 CLK,当 BUSY 由高变为低电平时,A/D 转换结束,此时 74377 的时钟端 CLK,接收到一个上升沿信号,把转换后的数字量由 74377 输出。当 BUSY 为高电平时,说明 A/D 正在转换之中,74377 的 CLK 没有接收到上升沿,输出端仍然保持在上一次的 A/D 转换结果上。模数转换与锁存器的电路如图 3-20 所示。

3.3.3.3　存储器的设置和模数转换器

选用适合的存储器是构成整个电路的关键,这里选用具有 16 位地址和 16 位数据的 M27C1024 作为本电路的存储器。M27C1024 是紫外线擦除的 EPROM,存储数据时间在不见紫外线的情况下相对稳定、价格便宜。

电路实现的是正弦函数的计算,存储器数据的设置也是电路的关键所在。依电路方程 $y=A\sin(kx)$,其中 $A=5,k=10$,函数的定义域 $x\in(-5,+5)$。因为 AD1380 是 16 位模数转换器,故 $\Delta x=10/65\,536=0.000\,152\,587\,89$,即量化间隔为 0.000 152 587 89。模数转换器的输出为偏移 2 进制码(负逻辑),为了能够计算正弦函数值和数据编码,采用 C 语言编程实现。

由于输入信号对应的量化间隔为 0.000 152 587 89,在−5～＋5 之间以等差数列的方式递增,同时将对应的偏移 2 进制码(负逻辑)的数值再乘以 10

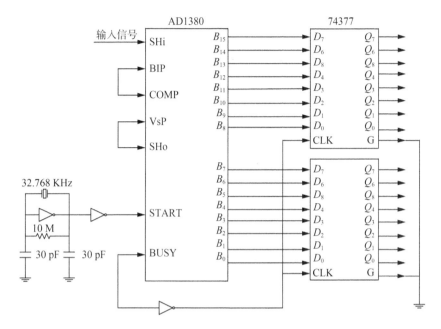

图 3-20　模数转换与锁存器的电路

以后,由于正弦函数值的范围是 $-1 \sim +1$,将小数部分转换成 15 位 2 进制补码,第 16 位是符号位,再将它映射成 AD669 编码的偏移 2 进制码(正逻辑)。详见表 3-2。

表 3-2　数据映射关系

信号输入 x	x 映射成偏移 2 进值码(负逻辑)	按 $y = \sin(10x)$ 转换	y 映射成偏移 2 进制码(正逻辑)
$-4.999\ 999\ 979\ 52$	FFFF	$+0.262\ 375\ 1$	A195
$-4.999\ 847\ 391\ 63$	FFFE	$+0.265\ 318\ 6$	A1C5
...	...	...	...
$-0.000\ 152\ 587\ 89$	8 000	$-0.001\ 525\ 9$	7FCE
0	7FFF	0	8 000
$+0.000\ 152\ 587\ 89$	7FFE	$+0.001\ 525\ 9$	8 031
...	...	...	...
$+4.999\ 694\ 803\ 74$	0001	$-0.265\ 318\ 6$	5E0A
$+4.999\ 847\ 391\ 63$	0000	$-0.263\ 847\ 2$	5E3A

根据表 3-2 映射关系,所需的数据为 C 语言编程的结果,输出到文本文件中去,但要注意编程的技巧,使得输出的结果符合后面的 Quartus Ⅱ 7.0 中的 ".MIF" 文件内容的要求。总体的流程图见图 3-21。具体的把 N 转换成 16 进制偏移二进制码(负逻辑)的方法是,当 $k=1$ 时,N 为按正数转换,将得到的 4 位进制码的最高比特位取反,获得正数的偏移二进制码。当 $k=2$ 时,N 为按负数转换,将得到的 4 位 16 进制码的最高比特位取反,获得负数的偏移二进制码。由于 AD1380 的输出是负逻辑,所以再次将偏移二进制码全部取反获得负逻辑输出,产生 EPROM 所需的地址。对于小数 $B=\sin(10A)$,因

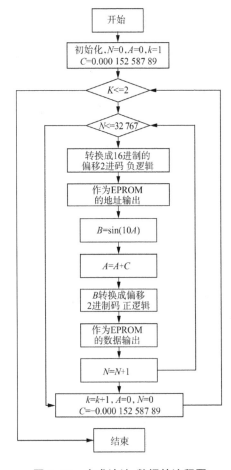

图 3-21   生成地址、数据的流程图

为正弦值 B 为有符号的纯小数，按照小数的 16 进制的编码规则，生成 4 位 16 进制数，再将它们的最高比特位取反获得符合 AD669 的偏移二进制码（正逻辑）解码规则的输出，产生 EPROM 所需的数据。最高位取反的算法是：转换的若是正数，第 4 位 16 进制数加 8，若为负数，第 4 位 16 进制数减 8。所有位取反的算法是：用 15 减去每一位的 16 进制数。

3.3.3.4 文件格式的转换

要烧录到 EPROM 中去的数据，必须是".HEX"、".BIN"或".SOF"等文件的格式，而 C 语言编程的结果是输出到文本文件中的。利用 QUARTUS Ⅱ 7.0 打开 memory initialization file。选择存储的长度（2B）和深度（64KB），然后将生成的".MIF"文件以文本格式打开，用 C 语言的结果复制到该文件中，再利用 Quartus Ⅱ 7.0 打开".MIF"件，数据内容见图 3-22。最后将该文件另存为".HEX"格式，这样就可以将所需数据烧录到 EPROM 中了，烧录完成后，将 M27C1024 芯片上的玻璃窗用纸遮住，以免见紫外光，丢失数据。

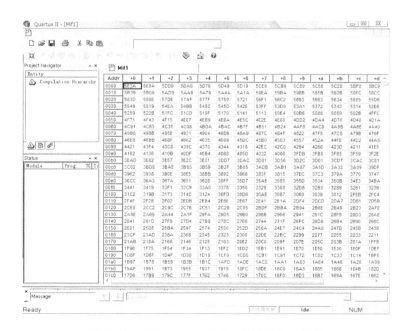

图 3-22 利用 quartus Ⅱ 7.0 作数据格式转换

3.3.3.5　电路的搭建

数模转换器 AD669 可以产生 -10 V$\sim$$+10$ V 的双极性输出范围,具有 40ns 的写脉冲,输出方式是偏移 2 进制码(正逻辑)。将存储器 M27C1024 输出的数据送入到 AD669。由于 D669 的输出增益是 10,而需要的输出增益是 5,所以必须将得到的信号通过运算放大器进行 0.5 的比例运算。

电路在搭建时,要注意 A/D、D/A 的电源输入范围和它们的静态调试。尽量使得 A/D、D/A 的线性误差在允许的范围之内。为了保证输入输出信号与其他系统的可靠连接,最好在信号的输入计算正弦函数之前加一级电压跟随器,转换之后为得到连续平滑的信号可在输出端加一低通滤波器。

输入信号 x 按照设定的 $5\sin(10x)$ 进行转换,静态测试数据结果如表 3-3 所示。

表 3-3　测试的数据结果

输入电压 x/V	输出电压 $5\sin(10x)$/V
-4.5	-4.25
-3.5	2.14
-1.5	-3.25
0	0.00
1.5	3.25
3.5	-2.14
4.5	4.25

利用 A/D、D/A 转换器和存储器电路采用数模结合的方法构成非线性电路。将输入信号通过 A/D 转换后,把这种特定非线性函数关系映射到存储器中去,通过查表的方法获取转换后的数字量,再通过 D/A 转换,最终得到所需要的信号。这种通过存储器映射的方法,实现了正弦波函数的运算。这种方法可以很大程度上降低用运放来实现阶梯波、三角波等函数的难度,为基于复杂非线性函数的混沌电路实现提供了可能。

第四章

混沌系统的电路仿真方法

在混沌动力学系统理论分析、数值仿真的基础上,遵循电路的拓扑结构设计混沌系统的电路。通过对混沌系统线性部分电路、典型的三类混沌系统的非线性部分电路的设计和构造,给出了一般混沌系统采用通用模块化设计方法。任何混沌电路的设计均需要通过仿真电路或者实际电路来验证混沌电路设计的正确性。同时,也便于学者及时发现电路存在的问题,通过反复修改电路设计方案直至实现特性的混沌现象。电路仿真软件的选择和使用,是关系到混沌系统电路实现的主要手段,不同电路仿真软件有着特定的电路应用环境,相通的是它们在一定程度上都可以缩短混沌系统电路设计的周期。

4.1
JERK 混沌电路的 Electronics Workbench 软件仿真

Electronics Workbench(EWB)软件是 20 世纪 90 年代推出的电路仿真软件,它占用计算机硬件资源小、可移植性强,具有丰富的图形化电子元件和虚拟电子仪器仪表等。这些优势,可以满足绝大多数电路设计仿真的要求。此外,EWB仿真软件的使用便捷性,有利于学者对于电子电工学科、混沌电路的入门,具有很强的实践意义。这里以占用 17.1 MB 硬件资源的 EWB5.0 版本软件为例,介绍 JERK 混沌电路仿真的设计过程。

4.1.1 JERK 混沌电路线性部分通用模块的仿真

打开 EWB5.0 软件,可以看到两排工具栏,如图 4-1 所示。

图 4-1　EWB5.0 软件工具栏

两排工具栏中图标显示为彩色部分为可以使用,灰色部分为此时不可用。第一排的工具栏是最为常见具有编辑功能的菜单,其中第一排第十二个图标为显示电路信号在系统坐标下的仿真图;第二排第二个图标开始依次为电源库、电子元件库、二极管库、三极管库、模拟集成电路库、混合式集成电路库、数字集成电路库、各类门电路、各类触发器、显示电路、函数库、电机及其他元件和虚拟仪器仪表库组成。

对于混沌电路的仿真,根据第三章混沌电路的设计方法,最为常用的元件库为电源库、电子元件库、模拟集成电路库、混合式集成电路库、各类门电路、函数库和虚拟仪器仪表。

根据混沌电路线性部分通用模块化框图 3-8,最为常用的模块化反相加法电路、反相积分电路中的运算放大器可以由模拟集成电路库中的型号为 TL082 仿真件实现。鉴于 TL082 运算放大器是双电源供电,对照图 3-6 反相加法比例运算电路和图 3-7 反相积分器电路,首先需要从电源库中取出直流电压源、地信号线为 TL082 供电,其次在反相加法电路和反相积分电路中用到的电阻、电容元件需要在电子元件库中取出,令图 3-6 中 $R_1 = R_2 = R_3 = R_f = 10\ \text{k}\Omega$ 的 EWB 仿真电路图如图 4-2 所示;令图 3-7 中 $R_0 = 20\ \text{k}\Omega$,$C_0 = 33\text{nF}$ 的 EWB 仿真电路图如图 4-3 所示。

若断开图 4-2 反相输入端的两个输入端,则构成的是反相器电路,这里不再赘述。由反向加法模块、反相积分模块和反相器模块可以构成混沌系统的线性部分。

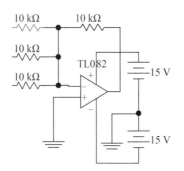

图 4-2　反相加法仿真电路

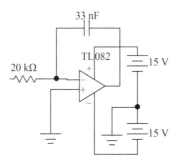

图 4-3　反相积分仿真电路

4.1.2　JERK 混沌系统的非线性电路仿真

　　JERK 混沌系统的拓扑形式最为简单,根据混沌系统的非线性函数,它属于第一类混沌系统。它的非线性函数是由多个线性函数组合而成,人们在构造 JERK 电路中的非线性函数项符号函数、阶梯波函数时,一般都采用运算放大器的特点来构造符号函数、阶梯波函数,这种用运放来构造非线性函数的方法已被国内外的混沌学者广泛接受[1-2]。考虑到随着混沌系统的非线性函数复杂程度的增加,搭建混沌电路过程中再通过运算放大器来构造非线性函数就显得非常困难了,甚至不能实现。由此,本章提出一种利用模数转换器把模拟信号转换为数字信号,对数字信号按照非线性函数的要求利用门电路进行数字编码[3,4],再将编码后的数字信号通过数模转换器转换为所需要的非线性函数值,这里以三阶 JERK 混沌系统为例,介绍其电路仿真的新方法。

在 EWB5.0 电路仿真的工具栏的第二排第七个图标混合式集成电路库中有 8 位双极性 A/D 转换器如图 4-4 所示,8 位单极性 D/A 转换器如图 4-5 所示。

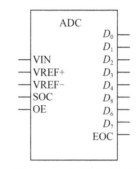

图 4-4　8 位模数转换器

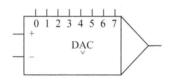

图 4-5　8 位数模转换器

图 4-4 的 8 位模数转换器中的 VIN 是模拟信号输入端,VREF＋和 VREF 是输入参考电压范围,SOC 是转换频率,OE 是使能端;$D_0 \sim D_7$ 是转换后的数字信号输出端。图 4-5 的 8 位数模转换器中的±是信号输出范围的参考电压,0～7 是数字信号的输入端,右侧则是转换后的信号输出端。利用 EWB 软件中 A/D 与 D/A 转换器参照 3.3.2.1 节的内容设计仿真符号函数。要实现更为复杂的五阶梯波函数,可以参照 3.3.2.2 节的设计方法,对 A/D 转换后的数字信号按照阶梯波函数的要求进行数字编码。将编码后的数字信号,送入 D/A 转换器,实现阶梯波函数。基于 EWB 仿真软件的数字编码的门函数电路如图 4-6 所示。

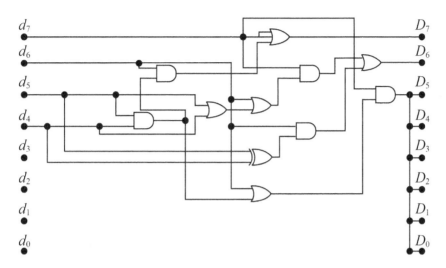

图 4-6　门电路变换仿真

4.1.3　JERK 混沌系统的电路仿真结果

根据三阶 JERK 的状态方程式(2-1)和式(2-2),采用通用模块化的设计方法,在反相加法模块、反相积分模块和反相器模块的基础上,通过用模数转换器、数模转换器和门电路来构造非线性函数:符号函数和阶梯波函数,再通过一级反相器模块构成反相的符号函数和阶梯波函数[5]。

当 $g_2(y)$,$g_3(z)$ 信号接地时,$g_1(x)=F_1(x)$ 时,$F_1(x)$ 为符号函数可以构成双涡卷混沌吸引子相图。

当 $g_1(x)=F_1(x)$,$g_2(y)=F_2(y)$,$g_3(z)$ 信号接地时,$F_1(x)$、$F_2(x)$ 为符号函数可以构成二方向双涡卷混沌吸引子相图。

当 $g_1(x)=F_1(x)$,$g_2(y)=F_2(y)$,$g_3(z)=F_3(z)$ 时,$F_1(x)$、$F_2(x)$、$F_3(x)$ 为符号函数可以构成三方向双涡卷混沌吸引子相图。

同理,当改变非线性函数时,可以构成多种 JERK 系统的混沌吸引子相图及其网格多方向混沌吸引子相图。采用运算放大器构成的反相加法器、反相积分器和反相器模块来实现混沌电路的线性部分,其中积分器的积分常数根据需要,通过改变积分器的电阻、电容的大小,从而可以改变混沌信号的频谱

083

分布范围,为 A/D 转换的采样频率提供了依据,这里选取 $f=2f_1=3$ kHz。
用 A/D 转换器、D/A 转换器、门电路构成混沌电路的非线性部分,线性与非
线性部分的组合完整,可以实现三阶 JERK 电路的单方向和多方向网格状混
沌吸引子,其通用设计方法见图 4-7 所示。

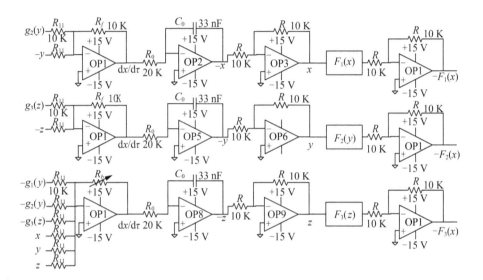

图 4-7 三阶 JERK 系统的混沌电路通用设计

4.1.3.1 单方向混沌吸引子的电路仿真结果

由 2.1.1 节可以得知,改变不同的非线性函数可以构成多种单方向混沌
吸引。

(1)当输入的非线性函数为符号函数时,根据通用模块化设计的方法,
调节电阻 $R_b=6.5$ kΩ,也就是令 $\alpha=0.65$ 可以构成二涡卷混沌吸引子
相图。

(2)当输入的非线性函数为三阶梯波函数时,调节电阻 $R_b=7.0$ kΩ,也
就是令 $\alpha=0.7$,可以构成三涡卷混沌吸引子相图。

(3)当输入的非线性函数为五阶梯波函数时,调节电阻 $R_b=7.5$ kΩ,也
就是令 $\alpha=0.75$,可以构成五涡卷混沌吸引子相图。

根据不同的非线性函数,采用 EWB 仿真软件,对其电路进行实际的硬件

仿真,其 EWB 的仿真结果见图 4-8～图 4-10。

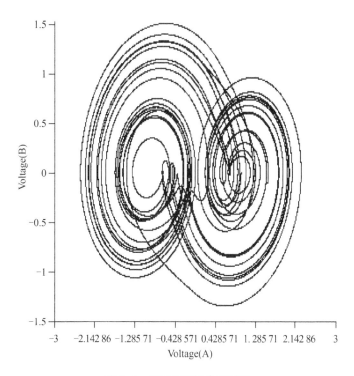

图 4-8　JERK 双涡卷吸引子

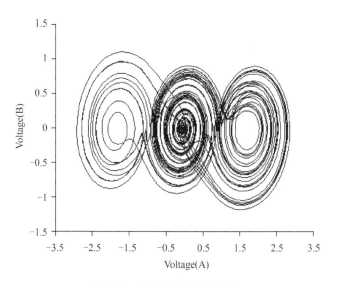

图 4-9　JERK 三涡卷吸引子

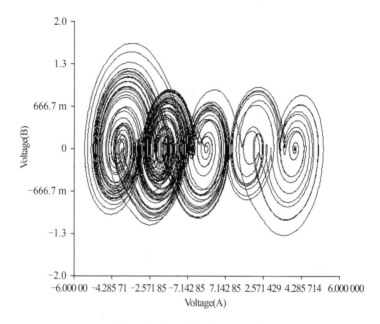

图 4-10　JERK 五涡卷吸引子

4.1.3.2　多方向网格状混沌吸引子的电路仿真结果

同样的设计方法,当 $g_1(x)=F_1(x)$, $g_2(y)=F_2(y)$, $g_3(z)$ 信号接地时,$F_1(x)$ 为符号函数可以构成二方向 $2×2$ 涡卷混沌吸引子相图,同样的方法可以构成二方向 $3×3$ 涡卷吸引子相图,其 EWB 的仿真结果见图 4-11。

利用 EWB 仿真软件设计混沌电路,一般可以按照电路仿真电路图搭建实际的硬件电路并能够实现相同的硬件结果。然而,随着电子技术的快速发展,EWB 软件中图形化的元件库的有限性、半实物仿真的局限性就使得难以实现更为复杂的电路。例如在 4.1.2 节中的 A/D 和 D/A 转换器,混合器件库中只含有 8 位精度的转换器,对于更高精度的转换器或者串行输入输出的转换器等,就无法对电路进行仿真;同样对于 EWB 软件的函数库,一般采用的是半实物仿真方法,该函数数据库给出函数关系式,即为电路关系式,例如乘法器电路,在 EWB 中仅仅是给出了乘法的符号 ,而没有具体的乘法器芯

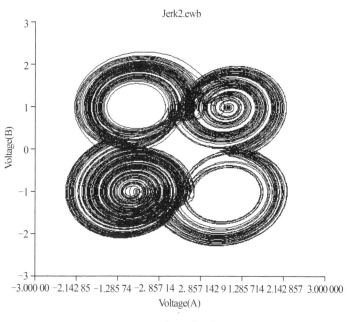

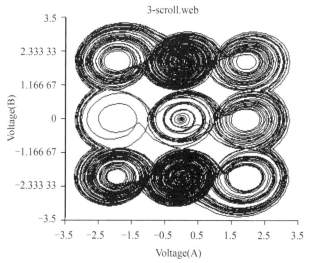

图 4-11　二方向 **2×2、3×3** 涡卷混沌吸引子相图

片与之相对应。每一个乘法器的输入输出范围、带宽等重要参数都是关系到
电路是否可以实现的重要参量。此外，EWB 软件对仿真电路的元件数量也有
一定要求，若超过了最大仿真元件数量，就无法仿真电路。因此，EWB 软件在
进入新时期后软件就不再更新。目前，在电子电路仿真的主流软件是 Multi-

sim 软件。该电路仿真软件克服了 EWB 软件的弊端,该软件的使用需要读者具有一定的计算机软件和电路知识[6]。Multisim 软件可以仿真模拟现实存在的芯片,在完成电路设计时可以方便的转换成它的 PCB 布线,极大的缩短了仿真电路到实际电路实现的周期。

4.2
双涡卷蔡氏混沌电路的 Multisim 软件仿真

Multisim 软件是集电路原理图设计和电路工程测试于一体的虚拟仿真软件。它具有较为详细的电路分析能力,模拟电路、数字电路、高频电子线路以及数字运算控制芯片电路根据 Multisim 软件元件库内容均可实现全实物虚拟仿真。这里以占用 1.35 GB 硬件资源的 Multisim14 版本软件为例,介绍双涡卷蔡氏混沌电路仿真的设计过程。

4.2.1 Multisim14 软件与 EWB5.0 软件在设计混沌电路的差异

Multisim 软件中具有丰富的全实物仿真元件,给各类混沌电路的设计与硬件实现带来了极大的便利。这里简要介绍 Multisim14 软件的界面,着重强调它与 EWB5.0 软件在设计混沌电路的不同之处。

打开 Multisim14 软件,其界面的工具栏如图 4-12 所示。

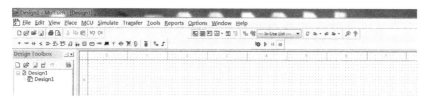

图 4-12　Multisim14 软件工具栏

首先,在菜单栏的第一行的 Transfer 菜单可以实现将混沌电路设计仿真完成的原理图直接转换成 PCB 布线图,直接用于印刷混沌系统电路板。这项功能 EWB5.0 软件是无法实现的。

其次,在第三行工具栏中打开第五个图标元件库,其下拉的菜单如图 4-13 所示。

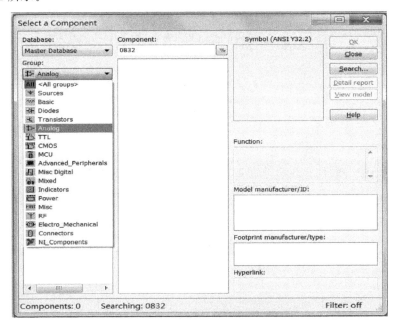

图 4-13 实物仿真元件库

在 Multisim14 软件中含有丰富的元件库,多达 17 个类别。利用这些 Multisim14 软件中的元件库可以设计混沌电路的信息加密和保密通信硬件电路。Multisim14 软件的元件库中的 MCU 微处理器、接口以及射频电路等在 EWB5.0 软件库中没有相应的仿真元件对应。

再次,即使有些元件在 EWB5.0 软件中存在,仅仅完成半实物混沌电路仿真。例如乘法器电路,在 EWB5.0 中仅仅是 图标形式,没有给出具体乘法器芯片信号,需要供给电源电压大小和信号的输入输出范围。这些因素可能会直接影响到混沌电路硬件实现,它们在 EWB 软件仿真过程中不会出现问题,然而在真正制作混沌系统的硬件电路时可能会导致电路不能正常工作。比如:芯片 AD633,在 EWB 中没有具体型号数据相对应,对于 Multisim14 软件元件库中则有虚拟实物芯片可供调用,如图 4-14 所示。

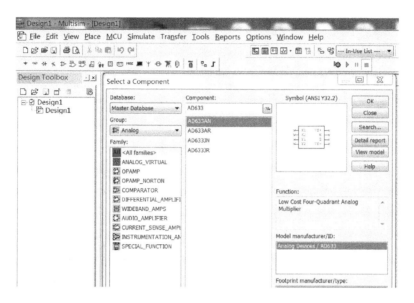

图 4-14　乘法器 AD633 仿真虚拟芯片

选择 Analog 模拟器件菜单输入 AD633,则可以在图 4-14 右侧显示出 AD633 芯片的具体引脚,它们与 AD633 实际芯片完全一致[7]。对于仿真第三类非线性为乘积交叉项的混沌电路的硬件设计与制作带来极大的便利,这一点对于 EWB 软件是远远无法达到的。

最后,在利用 EWB 软件中的模数转换器、数模转换器和门电路变换实现符号函数、阶梯波函数时,可供选择的只有图 4-4 和图 4-5 两种 8 位半实物的 A/D 和 D/A 转换器,对于利用该仿真电路制作 JERK 混沌电路还需要有具体的转换器的型号与之相对应,直接使用 EWB 的仿真电路结果是无法制作完成实际 JERK 混沌电路的。在 Multisim14 软件的元件库图 4-13 中下拉菜单的 MIXED 中 ADC_DAC 子菜单含有丰富全实物仿真的 A/D 和 D/A 转换器,如图 4-15 所示。

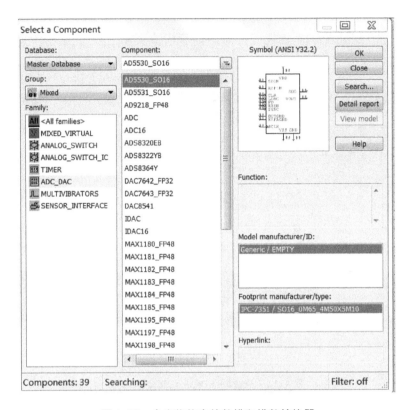

图 4-15　全实物仿真的数模和模数转换器

利用 Multisim14 软件和具体型号的 A/D 和 D/A 转换器,则可以按照图 4-7 实现三阶 JERK 混沌电路硬件制作。

4.2.2　双涡卷蔡氏混沌电路线性部分通用模块的仿真

典型的双涡卷蔡氏混沌电路采用个性化的设计方法,与通用模块化设计相比不具有通用性。因此,本节将基于模块化设计思想采用 Multisim14 软件设计仿真双涡卷蔡氏混沌电路,对照图 3-8,需要将三阶蔡氏混沌系统式(2-5)转换为积分形式,有:

$$\begin{cases} x = \int \{10[y - f(x)]\}\mathrm{d}t \\ y = \int (x - y + z)\mathrm{d}t \\ z = \int (-15y)\mathrm{d}t \end{cases} \qquad (4\text{-}1)$$

其中 $f(x) = \dfrac{2}{7}x - \dfrac{3}{14}[\,|x+1| - |x-1|\,]$，根据式(4-1)，结合模块化设计的反相加法电路、反相积分电路和反相器电路可以得到输出为 x 的电路图，如图 4-16 所示。

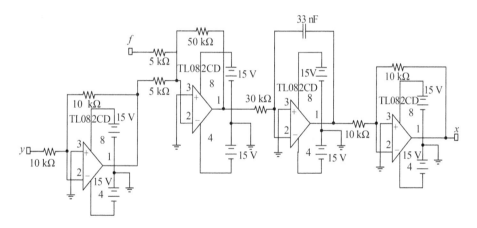

图 4-16 x 的电路设计图

图中输入信号 y 经过反相器得到的信号 $-y$ 与输入非线性函数结果 f 经过反相加法比例运算电路得到 $10(y-f)$，它通过反相积分器得到 $-x$，再经过反相器即得到 x。

根据式(4-1)并结合模块化设计可以得到输出为 y 的电路图，如图 4-17 所示。

其中输入信号 x 和 z 分别经过反相器得到输出信号 $-x$ 和 $-z$，两个输出信号再和信号 y 一起经过反相加法比例运算器得到输出信号 $(x - y + z)$，该信号经过反相积分器可以得到 $-y$，再经过反相器即可得到输出信号 y。

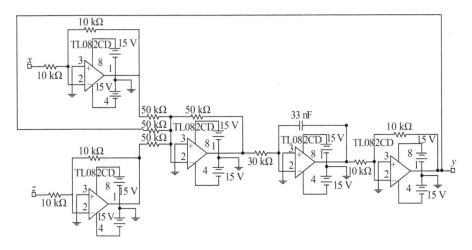

图 4-17 y 的电路设计图

同样,根据式(4-1)及模块化设计得到输出为 z 的电路图,如图 4-18
所示。

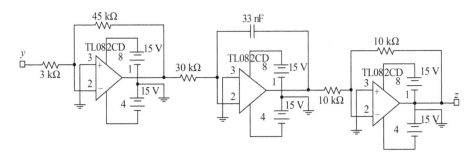

图 4-18 z 的电路设计图

图中输入信号 y 经过反相比例运算电路得到的输出信号为 −15y,该信号经过反相积分器可以得到 −z,再经过反相器即可得到 z 信号。

4.2.3 蔡氏混沌系统的非线性电路仿真

典型的双涡卷蔡氏混沌电路的非线性函数是由蔡氏二极管实现的,即它可利用双运放和 6 个电阻实现有源非线性电阻 R_N,具体电路设计见第三章

的 3.3.1.1 节。本节将直接利用非线性函数 $f(x) = \dfrac{2}{7}x - \dfrac{3}{14}\big[\,|x+1| - |x-1|\,\big]$ 的表达式,结合反相加法模块、反相器模块和绝对值电路[8]直接设计非线性电路。

根据 $f(x) = \dfrac{2}{7}x - \dfrac{3}{14}\big[\,|x+1| - |x-1|\,\big]$ 基本运算电路重新设计可以得到需要的非线性电路。其中图 4-19 为 $|x+1|$ 的电路图。

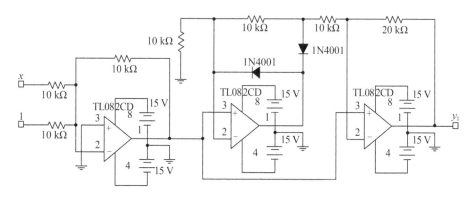

图 4-19 $|x+1|$ 电路图

其中输入信号为 x 和 1,经过反相加法比例运算电路得到输出信号 $-(x+1)$,再经过绝对值电路即得到输出 $y_1 = |x+1|$。

在此基础上,将输入信号 x 经过反相器得到输出信号 $-x$,它和输入信号 1,经过反相加法比例运算电路得到输出信号 $x-1$,再经过绝对值电路得到 $|x-1|$,其经过反相器即得到 $y_2 = -|x-1|$,图 4-20 所示为 $-|x-1|$ 的电路图。

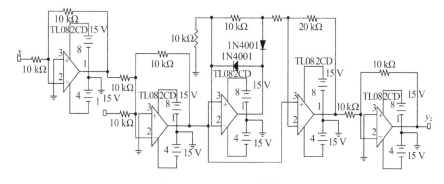

图 4-20 $-|x-1|$ 电路图

根据得到的 $|x+1|$、$-|x-1|$ 电路,利用反相器电路、反相加法电路可以实现基于蔡氏混沌电路的 $f(x)=\dfrac{2}{7}x-\dfrac{3}{14}[\,|x+1|-|x-1|\,]$ 非线性电路图[8],如图 4-21 所示。

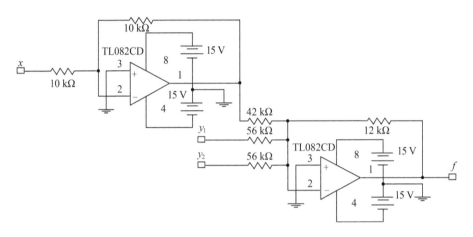

图 4-21 $f(x)$ 的电路设计图

其中输入信号 x 经过反相器得到的输出信号 $-x$ 与输入信号 y_1、y_2 一起经过反相加法比例运算电路得到非线性函数 $f(x)$:

$$
\begin{aligned}
f=f(x) &= -12\left(\frac{-x}{42}+\frac{y_1}{56}+\frac{y_2}{56}\right) \\
&= \frac{2}{7}x-\frac{3}{14}(y_1+y_2) \\
&= \frac{2}{7}x-\frac{3}{14}(\,|x+1|-|x-1|\,)
\end{aligned}
\tag{4-2}
$$

4.2.4 双涡卷蔡氏混沌系统的电路仿真结果

根据蔡氏电路的状态方程,由反相加法电路、反相积分电路、反相器电路构成通用混沌电路模块,非线性函数部分 $f(x)=\dfrac{2}{7}x-\dfrac{3}{14}[\,|x+1|-|x-1|\,]$ 根据系统方程,加到电路中去。由上一节已经设计好的 x、y、z 方向电路图

4-16、图 4-17 和图 4-18 和非线性 $f(x)$ 电路图 4-21 组成整体双涡卷蔡氏混沌电路如图 4-22 所示。

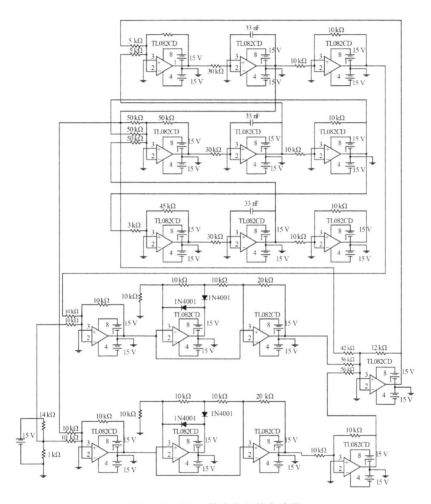

图 4-22　Chua 状态方程的电路图

通过 Multisim 硬件电路仿真得到蔡氏混沌电路的时域波形图及其相图，其结果与 MATLAB 的数值仿真结果相同，说明了通用模块化混沌电路设计思想及在 Multisim 软件中的混沌电路仿真应用是完全可行的。波形见图 4-23～图 4-26 所示。

虽然该设计方法与只含有四个基本元件和一个非线性电阻组成的典型

蔡氏电路相比而言,要复杂一些,但是通用模块化电路的好处是直观明了,具
有一定的通用性,所有电路参数均可独立调整,对于了解混沌信号产生过程、
制作各类混沌电路均有一定的帮助。

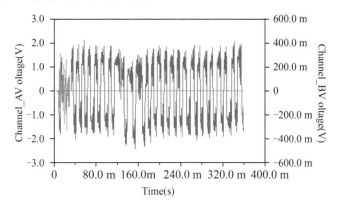

图 4-23　*x* 方向时域波形图

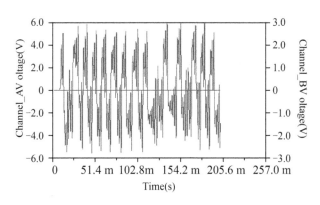

图 4-24　*z* 方向时域波形图

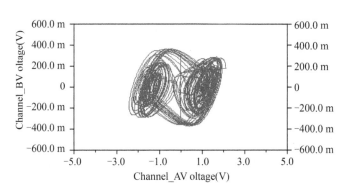

图 4-25　*x-y* 方向相图

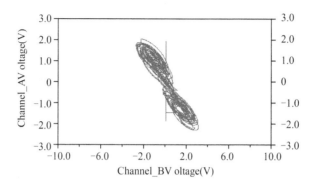

图 4-26　*x-z* 方向相图

4.3
多涡卷蔡氏混沌电路的 PSIM 软件仿真

对于混沌电路的仿真设计大多数采用的是 Multisim 软件,这是因为混沌电路属于典型的非线性电路,其电路构造主要采用模拟、数字器件实现。使用该仿真软件中丰富的模拟、数字器件设计混沌电路是较为合适的选择。随着混沌理论的丰富和发展,众多学者在电力电子电路中也发现了电力波形的分岔、混沌现象[9,10]。这是由于电力电子变换器是典型的开关非线性系统,从混沌的分类出发可以归类到第一类混沌系统。由此,在趋向于电力电子领域和电机控制领域的最为常用的仿真软件是 PSIM。

4.3.1　PSIM 仿真软件优势及元件设置

PSIM 电力电子仿真软件与 Multisim 电子技术仿真软件类似,具有仿真高速、用户界面友好、波形解析等特性。它为非线性电力电子电路的解析、电机动力学模型的混沌现象与控制系统设计研究等提供强有力的仿真环境。PSIM 相比其他仿真软件的最重要的特长是仿真速度快,它克服了其他多数仿真软件的收敛失败、仿真时间长的问题。利用 PSIM 仿真软件设计混沌电路为电力电子专业背景的读者学习混沌电路的仿真设计提供参考。

安装好 PSIM9.0 仿真软件,当打开软件后,其界面友好与 Multisim 软件相类似。需要指出的是,它用于电力电子、电机等方面的非线性电路仿真,拖到工作区的器件参数一般是理想化的,可以通过修改器件的参数特性,使其达到实验的要求,这是一般其他仿真软件不具备的特点,工具栏如图 4-27所示。

图 4-27 PSIM 软件工具栏

根据工具栏上常用菜单栏的用途选择合适的电路元件。例如:需要打开一个二极管,则新建文件→elements→power→switches→diode,则在鼠标处出现○————▷|————○符号,通过双击鼠标左键完成开启电压、等效电阻、初始状等参数的调整,如图 4-28 所示。

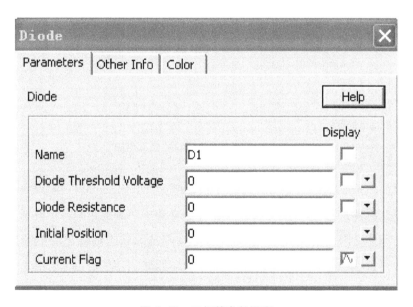

图 4-28 二极管参数设定

4.3.2 双涡卷混沌电路的 PSIM 仿真

通过同样的方法设定电阻、电容、电感及运算放大器的参数,需要指出的是实际运算放大器的电源有单电源供电、双电源供电、饱和电压等等指标。这里选择双电源供电的±12 V。然而,运放的饱和电压在实际电路中要比±12 V 略小,为和理想运放保持一致,选取式(3-9)和式(3-10)中的 $V_{sat} = $ ±12 V。按照图 2-5 和图 3-9 设计电路如图 4-29 所示。

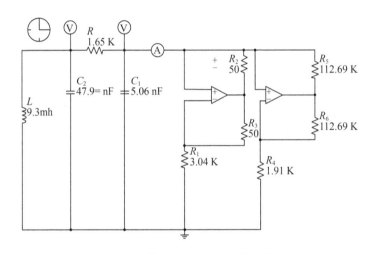

图 4-29 蔡氏电路的 PSIM 仿真电路

根据图 4-29,利用 PSIM 仿真蔡氏电路要比 Multisim 软件仿真蔡氏电路多了一个时钟符号,这是由于 PSIM 软件非常善于仿真电路的各种波形,波形的输出不能无限地给出波形。因此,需要设定波形状态的输出时间段,用时钟来给出,这里给出的时间段为 0~0.05 s。此外,若是仅仅按照图 4-29 设计出的电路无法仿真出波形,问题在于器件默认的设定都是理想状态下的。要使蔡氏混沌电路振荡必须给电路加一定的初始值,这里可以在 47.9nF 电容参数中设定初始电容电压为 0.001 V,这也是与其他仿真软件不同的地方。表面上看是增加了工作量,但是这实际上给读者有了对电路直观的认识,了解到理想与实际之间的区别,也可以利用各种初始状态完成对其他电路的分析,有利于对电路的理解[11]。PSIM 软件中波形形成过程项目 SIMVIEW,实现电路中电压电流的仿真,将电压探针加在电阻 R 两端[12],电流探针加在蔡氏二极管的一端,可以方便探测出电容 C_1、C_2 的电压,如图 4-30 所示,蔡氏二极管输入 i_N 电流值的变化情况如图 4-31 所示。

由 v_1,v_2 所构成的双涡卷混沌吸引子相图如图 4-32 所示,蔡氏电路的非线性伏安关系如图 4-33 所示。

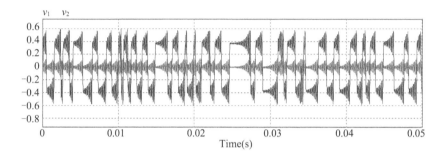

图 4-30 v_1,v_2 的时域波形图

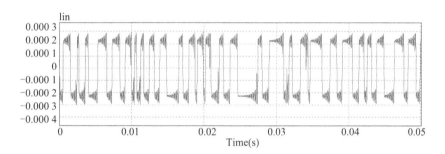

图 4-31 i_N 蔡氏二极管的输入电流波形图

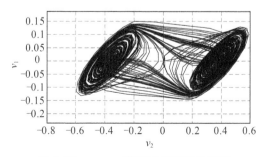

图 4-32 v_1-v_2 蔡氏电路双涡卷相图

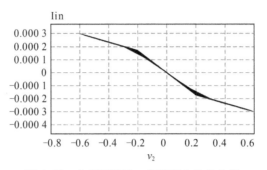

图 4-33 非线性蔡氏二极管伏安特性曲线

利用 PSIM 软件仿真个性化设计的典型蔡氏双涡卷混沌电路相图结果与 Multisim 软件仿真通用模块化设计典型蔡氏双涡卷混沌电路相图结果完全一致。

4.3.3 多涡卷混沌电路的 PSIM 仿真

在详细分析了双涡卷蔡氏混沌电路在 PSIM 软件中的设计及需要注意的问题后,在原有图 2-5 和图 4-33 具有 3 段折线基础上延伸多段折线的非线性伏安特性蔡氏二极管,可以构成多涡卷蔡氏混沌电路[13,14]。

根据图 3-9,式(2-5)典型蔡氏混沌系统的三折线非线性函数 $f(x) = m_1 x + 0.5(m_0 - m_1)[|x+1| - |x-1|]$ 直接给出多涡卷蔡氏二极管的多折线非线性函数的数学表达式为:

$$g(v_1) = G_m v_1 + 0.5 \sum_{i=1}^{m} (G_{i-1} - G_i)[|v_1 + E_i| - |v_2 - E_i|]$$

$$(4-3)$$

其中折线段数是 $2m+1$,斜率是 G、转折电压是 Ei,若有:

$$\begin{cases} G_a = G_0 = G_2 = -0.852mS \\ G_b = G_1 = G_3 = -0.32mS \end{cases} \quad (4-4)$$

若折线段数是 7,可以形成 4 涡卷的蔡氏电路,通过对比图 2-5 和图 3-9 的分析,再并联一个用两个运放构成的蔡氏二极管电路,在理解双涡卷蔡氏电路设计的基础上,在实际设计电路时对转折点斜率需要做微小的调整,通过加电压的方式,调整转折电压的大小,也可以形成 4 涡卷的蔡氏混沌电路,如图 4-34 所示。

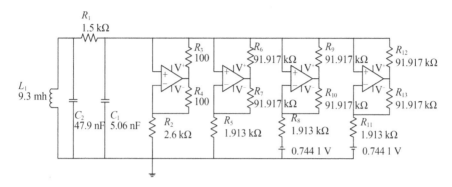

图 4-34 四涡卷蔡氏混沌电路

根据 4.3.2 节双涡卷蔡氏混沌电路在 PSIM 软件中的元件参数设置和图 4-34,直接给出四涡卷蔡氏混沌电路的仿真图和仿真结果如图 4-35、图 4-36 所示。

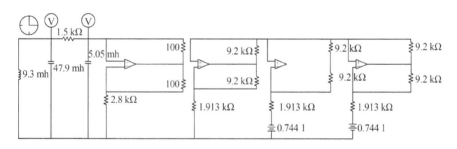

图 4-35 四涡卷蔡氏混沌电路

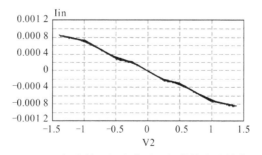

图 4-36 7 折线的 4 涡卷蔡氏二极管伏安特性曲线

所仿真的 4 涡卷蔡氏二极管的伏安特性如图 4-36 所示,4 涡卷蔡氏电路相图如图 4-37 所示。

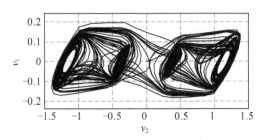

图 4-37　4 涡卷蔡氏混沌电路相图

若互换式(4-3)、式(4-4)的 Ga 和 Gb 的斜率可实现奇数蔡氏多涡卷电路,这是由于相空间中键带和涡卷原因形成的,具体可以查阅相关文献[2-4]。利用产生 2 涡卷、4 涡卷的方法,结合互换的斜率 G 来扩展非线性函数,即用运放构成的多涡卷蔡氏二极管实现 3 涡卷、5 涡卷混沌电路如图 4-38、图 4-39 所示。

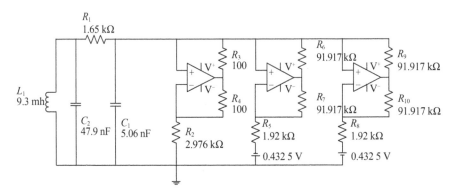

图 4-38　3 涡卷蔡氏混沌电路

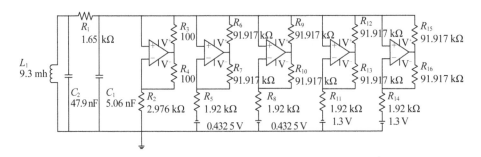

图 4-39　5 涡卷蔡氏混沌电路

　　参照双涡卷、四涡卷蔡氏混沌电路在 PSIM 软件中的元件参数设置方法、图 4-38 三涡卷蔡氏混沌电路和图 4-39 五涡卷蔡氏混沌电路的设计方法，这里直接给出它们的伏安特性曲线、奇数个涡卷相图的仿真结果如图 4-40～图 4-43 所示。

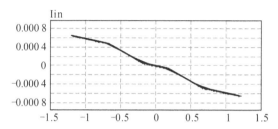

图 4-40　5 折线的 3 涡卷蔡氏二极管伏安特性曲线

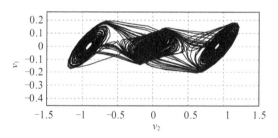

图 4-41　3 涡卷蔡氏混沌电路相图

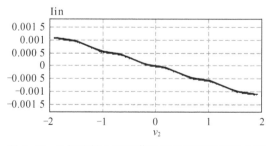

图 4-42　9 折线的 5 涡卷蔡氏二极管伏安特性曲线

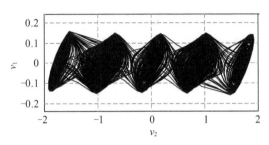

图 4-43 5 涡卷蔡氏混沌电路相图

在电路仿真中 PSIM 软件与 EWB 软件、Multisim 软件都可以实现混沌电路的仿真。不同的是采用 PSIM 软件仿真过程中特别要注意的是需要设定仿真混沌波形状态的输出时间段。此外，与 EWB 软件、Multisim 软件库中的元器件不同的是，PSIM 软件中的元器件默认的设定都是理想状态下的。要使各类混沌电路振荡，必须给电路加一定的初始值，参数上的微小的变化对仿真结果也会产生巨大影响，这也是混沌本质的一种体现。

第五章

混沌电路硬件设计实现

混沌动力学系统的电路硬件实现是验证混沌系统存在最为直接的物理手段。通过示波器，可以直接观测到由模拟电路、门电路等电子元件设计的混沌电路产生的时域波形、混沌吸引子相图。这些观测到的混沌吸引子长期保持混沌状态而不发散或者收敛，有力的证明该混沌系统的存在性、可实现性。这些具有伪随机性能的混沌信号，可以利用混沌掩盖方式用于模拟通信电路的加密，实现混沌保密通信系统。与混沌系统的电路仿真技术相比，混沌系统硬件电路的实现更具现实意义和应用价值。仿真技术仅仅从设计层面来论证系统在理想情况的可行性，硬件电路制作和实现则是为了让读者具有一定的电子技术、通信技术等实践操作、调试和故障排除等方面的能力。本章通过介绍混沌电路如何由仿真过渡到硬件设计的过程，为读者更加便捷地认识、理解混沌电路硬件设计方法。

5.1
混沌电路的硬件实现基础

根据混沌动力学特点采用个性化设计方法、通用模块化设计方法来仿真混沌电路，总是离不开设计混沌系统的线性部分电路、非线性部分电路。这些线性电路的实现，可以参照 3.2.2 节，由基本的运算放大器、电阻、电容和电感实现基本的线性电路。非线性电路的设计参照 3.3.1 节的设计方法，需要指出的是不同种类的非线性电路则需要采用不同的电路实现方式。联系这些非线性电路的重要元件仍然用到了运算放大器，如图 3-9 为用双运放和 6 个电阻构成蔡氏二极管；图 3-13 为 Duffing 混沌系统的非线性多项式函数；

图 3-14 为绝对值电路等。

5.1.1 运算放大器的选择

在电子技术领域,运算放大器是最为常用的元件之一,简称"运放"。它能够实现小信号的高号放大倍数,通常结合反馈网络共同组成某种功能模块。通过运放输入端的虚短、虚断的特性以及输入输出的阻抗匹配实现输入信号加、减或微分、积分等数学运算。

按照集成运算放大器的参数来分,集成运算放大器可分为通用型、高阻型、低温漂型、高速型、低功耗型和可编程型。为了能够实现混沌电路,则需要保证运放在实现反相加法电路、反相积分电路、反相器电路和非线性电路中的可靠性。可以考虑使用通用型、高阻抗和低温漂的运算放大器来实现。鉴于混沌信号的输出范围较为宽广,即使根据图 3-5 混沌电路模块化设计流程比例压缩或者扩张混混沌信号,也需要有个电压或者电流范围。根据芯片供电电压一般在 ±20 V 以内,可以考虑选择双电源供电、宽电压供电的运放。目前,设计混沌电路最为常用的运放芯片为 TL082。它若采用 ±15 V 的供电模式,则输出电压的范围为 ±13.5 V 左右。

TL082 是一种通用的 J-FET 双运算放大器。其特点有:较低的输入偏置电压的便宜电流;输出设有短路保护;输入级具有较高的输入阻抗;内建频率补偿电路;较高的压摆率。最大工作电压:Vccmax＝±18 V。它的外观如图 5-1(a)所示,它的内部框图如图 5-1(b)所示。

图 5-1(a) TL082 芯片

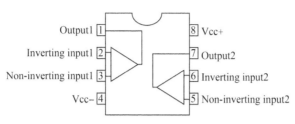

图 5-1(b)　TL082 芯片内部结构

对照图 5-1TL082 芯片引脚的具体功能如表 5-1 所示。

表 5-1　TL082 的引脚功能表

脚号	脚名	功能	脚号	脚名	功能
1	Output1	输出 1	5	Non-inverting input2	正向输出 2
2	Inverting input1	反向输出 1	6	Inverting input2	反向输出 2
3	Non-inverting input1	正向输出 1	7	Output2	输出 2
4	Vcc−	电源−	8	Vcc+	电源+

由此,8 脚接电源的+15 V,4 脚接电源的−15 V。在混沌电路的设计中虽然 TL082 芯片中包含有两个运放,为了保证混沌电路在调试、故障排除时能够快速排查电问题,故一般一块芯片只使用其中的一个运算放大器。若使用运放 1,则反相输出端 3 脚接地,2 脚接输入信号,1 脚为输出信号。

5.1.2　连接运算放大器的电阻和电容

混沌电路中运放的各种运算功能的实现都离不开特定的电阻、电容元件。利用多个电阻、一个运放可以构成反相加法电路,如图 3-6 所示;利用多个电阻和多个运放可以构成多折线非线性电路,如图 4-34、图 4-38 和图 4-39 所示。这些电路和运放组成特定的运算电路和非线性电路,如根据式(3-4)得到的反相加法电路系数与电阻之间的关系为 $K_1 = \dfrac{R_f}{R_1}$,$K_2 = \dfrac{R_f}{R_2}$,$K_3 = \dfrac{R_f}{R_3}$,则需要给定具体的电阻值与之对应。换言之,由运放和电阻组成的电路模块,它们的电阻值均为独立可调的。一般的碳膜电阻的电阻值是固定的,且有5%～20%的误差。这些碳膜电阻不适合在通用模块化混沌电路使用。因此,混沌电路中的电阻一般采用精密可调电阻实现,它的阻值范围在0～设定的阻值范围内均可精密调整。例如型号为104的三端可调精密电阻如图5-2(a)所示。

(a) 精密可调电阻器

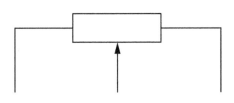

(b) 精密可调电阻器符号

图 5-2　电阻器示意图

其中型号104表示10×10^4 Ω,即表示精密可调电阻在0～100 kΩ之间可调。图5-2(a)左上方的旋钮可旋转电阻大小。它的三端电阻内部如图5-2(b)所示,中间引脚与其他任何一个引脚均可实现电阻连续可调,显然两侧的电阻为固定值100 kΩ。

需要指出的是,调整小电阻值时,尽量选择其两倍阻值范围的可调电阻器,这样得到的电阻值更为精准。例如:若需要调节一个1.2 kΩ,可以选择型号为202、阻值范围为0～2 kΩ的可调电阻器调节。当然也可以选择型号为104的精密可调电阻,但是这样调节得到1.2 kΩ电阻值的准确度会因为宽电阻范围导致低电阻值精度有所下降。

在设计混沌电路的积分电路时通常采用电容、电阻和运放构成,如图3-7

所示。积分时间常数用 $\tau_0 = R_0 C_0$，这个常数反映了混沌信号变化的快慢,对于混沌电路应用具有一定的价值。一般取积分电路的电阻值在几十千欧姆,电容则一般在几个至一百个纳法拉之间。因此,选取在此范围内的涤纶电路,如型号为 333 的电容,则表示电容容量为 33×10^3 pF,即 33 nF,如图 5-3 所示。

图 5-3　型号 333 的涤纶电容

5.1.3　面包板

　　面包板为混沌电路实现平台,所有混沌电路的搭建均可以在面包板完成[1]。为了能够实现较大规模的混沌电路,一般采用 3220 孔无焊面包板,如图 5-4 所示,它是免焊式电路测试板。

图 5-4　3220 孔无焊面包板

根据图 5-4,最左侧的四个接线柱可以接三个不同的电源信号线和一个地线。面包板上画有直线对应左右或者上下的孔是相通的,一般可以用作电源布线使用;跨接在凹槽上下列的 5 个孔也是相通的,一般是将芯片跨接在凹槽两侧,由剩余的 4 个孔将电源或信号引出;在凹槽一侧的 5 行孔是不相通的,便于搭建电子元件如电阻、电容和电感等。

5.2
LORENZ 混沌电路的硬件实现

一般混沌电路硬件设计搭建之前,首先根据混沌系统的方程采用个性化或者采用模块通用化的方法设计混沌系统的线性部分,非线性电路则根据具体的非线性函数形式设计。其次,在完成混沌电路的设计之后,采用 EWB 软件、Multisim 软件、PSIM 软件或者其他电子技术仿真软件仿真设计的混沌电路,验证在理想情况下混沌电路设计的正确性,若不能正确仿真,则修改混沌电路直至仿真结果正确。混沌电路设计流程如图 5-5 所示。

5.2.1 LORENZ 混沌电路的仿真结果演示

在设计非线性函数为交叉乘积项的第三类混沌电路之前,选择怎样的电子技术仿真软件,直接关系到混沌硬件电路能否可靠实现。第四章混沌系统的仿真方法,主要介绍了第一类和第二类的混沌系统的仿真技术。不同仿真软件之间存在差异,若采用 EWB 软件直接设计,则会面临在它的仿真库中没有相应的具体乘法器型号与之对应的问题,也就为硬件电路的搭建和实现途径增加了难度。鉴于 Multisim 14 软件含有丰富元件库,包含各种模拟乘法器芯片的仿真。因此,本章将采用该仿真软件给出 LORENZ 混沌电路的仿真演示结果。

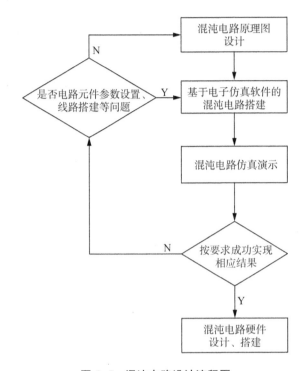

图 5-5 混沌电路设计流程图

5.2.1.1 非线性乘积项的乘法器实现

乘法器芯片是电子线路中常用的重要电路元件之一。它不仅可以实现乘法、除法、乘方和开方等模拟运算,而且还广泛用于电子通信系统作为调制、解调、混频、鉴相和自动增益控制;还可用于滤波、波形形成和频率控制等,因此乘法器芯片是一种用途广泛的功能电路[2,3]。

常见的乘法器芯片由 AD633、AD835、AD734 等等。根据不同电路功能选择合适的乘法器芯片。在混沌电路的设计中不但要考虑到芯片的供电电压、输入输出信号量的范围,还要考虑它们运算的精度、功耗和低噪声等特性。这些是直接关系到混沌电路硬件设计是否成功的主要因素。若选择 AD835 乘法器芯片[3],它的供电电压为±5 V,信号的输入输出电压需要控制在±1 V 以内,显然对混沌信号量的约束较大,这给设计混沌硬件电路带来一定的困难。

AD633 是一款功能完整的四象限模拟乘法器[2]，它的电源电压范围为 ±8 V 至 ±18 V，低阻抗输出电压为 10 V 标称满量程并保证 2% 的总精度，由一个嵌入式齐纳二极管提供。AD633 芯片包括高阻抗差分 X 和 Y 输入以及高阻抗求和输入(Z)，非线性度为 Y 输入通常小于 0.1%，输出噪声在 10 Hz～10 kHz，带宽小于 100 μsVRMS。此外，乘法器精度基本上对电源不敏感。

因此，鉴于 AD633 乘法器以上特性，它完全满足设计第三类混沌电路的非线性乘积项用于混沌硬件电路搭建。AD633 芯片的 8 引脚 PDIP 封装如图 5-6(a)所示，其内部结构如图 5-6(b)所示。

(a) AD633 芯片

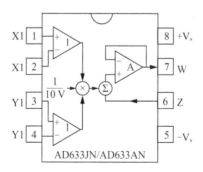

(b) AD633 芯片内部结构

图 5-6　AD633 芯片示意图

根据 AD633 芯片的电源引脚、差分输入输出引脚的分布,它们具体的引脚功能如表 5-2 所示。

表 5-2 AD633 的引脚功能表

脚号	脚名	功能	脚号	脚名	功能
1	Non-inverting input1	正相输入 X_1	5	$-Vs$	电源$-$
2	Inverting input1	反相输入 X_2	6	Non-inverting input3	正相输入 Z
3	Non-inverting input2	正相输入 Y_1	7	Output	输出端 W
4	Inverting input2	反相输入 Y_2	8	$+Vs$	电源$+$

AD633 芯片实现乘法功能函数为:

$$W = \frac{(X_1 - X_2)(Y_1 - Y_2)}{10} + Z \qquad (5-1)$$

利用乘法器通用函数,可以实现基本的差分乘法求和运算。通过设置引脚特定的参数值和运算放大器能够实现特定的乘法、平方和开方运算等等。根据第三类混沌系统的非线性乘积交叉项电路,令反相输入 X_2 为零,反相输入 Y_2 为零和正相输入 Z 为零,则(5-1)转换为:

$$W = 0.1X_1Y_1 \qquad (5-2)$$

利用 AD633 芯片实现式(5-2)乘法功能,根据表 5-2,8 脚接$+15$ V,5 脚接-15 V,1 脚接输入信号 X_1,3 脚接输入信号 Y_1,2 脚、4 脚和 6 脚接地,7 脚 W 为输出 X_1Y_1 乘法结果的 0.1 倍。这种缩小 10 倍的乘法因子,对混沌电路的实现也极其重要,它在一定程度上拓展乘法运算的宽度。例如:$X_1 = 5$ V,$Y_1 = 5$ V,正常的乘法结果为 25 V,显现它已经超过了输出电压的范围。根据式(5-2),则输出为 2.5 V,它仍然在乘法器芯片的输出范围之内。需要指出的是,要完全实现乘法的功能,可以在级联的电路中做比例扩张处理。

5.2.1.2 仿真电路设计及结果演示

LORENZ 混沌电路的模块化设计方法,参照 3.2.1 节混沌系统的通用模块化电路设计方法和式(2-36)给出反相加法模块、反相积分模块和反相器模块,并结合 AD633 芯片设计非线性乘法电路。若直接根据式(2-36)设计混沌电路,根据数值仿真结果如图 2-21 所示,它们已经超过了运算放大器和乘法器芯片的最大输入输出范围。因此,根据式(3-3)对式(2-36)进行比例压缩为:

$$\begin{cases} x = \int [-a(x-y)]\mathrm{d}\tau \\ y = \int [bx - xz/k - y]\mathrm{d}\tau \\ z = \int [-cz + xy/k]\mathrm{d}\tau \end{cases} \tag{5-3}$$

其中 k 为比例压缩因子。

以式(2-36)的 z 变量为例,介绍 $z = \int [-cz + xy]\mathrm{d}\tau$ 电路的仿真实现过程。该电路中的非线性函数为 $xy, c = 8/3$。在 Multisim 软件库中包含有 AD633 芯片,可供选择调用如图 4-14 所示。在实现反相加法电路 $S = -(cz - xy/k)$ 时,由于在使用 AD633 完成 xy 相乘的过程中乘积结果被压缩了 10 倍,因此需要将乘积结果再扩大 10 倍。令比例压缩因子 $k = 0.1$,其运算表达式 $S = -\left[\dfrac{8}{3}z - 100(0.1xy)\right]$。

根据 3.2.2 节反相加法模块设计给出相应的仿真电路,如图 5-7 所示。

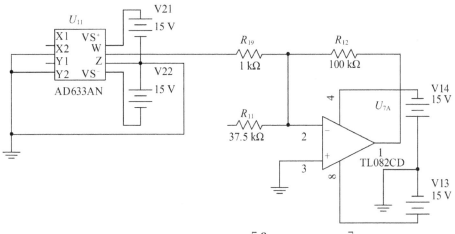

图 5-7　反相加法电路 $S = -\left[\dfrac{8}{3}z - 100(0.1xy)\right]$

其中 AD633 引脚的 X_1 接 x 变量,Y_1 接 $-y$ 变量,电阻 R_{11} 接 z 变量,根据乘法器相乘结果为 $w = -0.1xy$,再根据反相加法电路,令 $R_{12} = 100$ kΩ,$R_{19} = 1$ kΩ,$R_{11} = 37.5$ kΩ 得到 TL082 运放 1 脚输出量为:

$$S = -\left[\frac{R_{12}}{R_{11}}z - \frac{R_{12}}{R_{19}}(0.1xy)\right] = \frac{8}{3}z + 10xy \qquad (5-4)$$

再根据 3.2.2 节模块化方法设计反相积分电路和反相器电路获得 $-z$ 变量和 z 变量,其仿真电路图如图 5-8 所示。

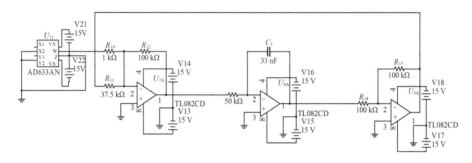

图 5-8 $z = \int[-cz+xy]\mathrm{d}\tau$ 电路

根据图 5-8,第一个运放电路为反相加法模块,第二个运放电路为反相积分电路,第三个运放电路为反相器电路。同样的方法可以设计出 LORENZ 混沌系统输出的 x 变量和 y 变量电路,它的仿真电路如图 5-9 所示。

LORENZ 混沌仿真电路的相图则通过虚拟示波器给出如图 5-10 所示。

5.2.2 LORENZ 混沌电路的硬件搭建与实验结果

对照基于 Multisim14 软件的 LORENZ 混沌仿真电路,选择使用 AD633 芯片、TL082 芯片、3 个型号均为 333 的涤纶电容和精密可调电阻若干。根据 5.1 节,将这些电子元件按照图 5-9 跨接在面包板上或焊接在印刷电路板上。AD633 芯片和 TL082 芯片跨接在面包板凹槽两侧。需要指出的是,虽然 TL082 内部含有两个运放,在搭建混沌电路时为便于调试只用其中一个,即仿真电路中一个运放用一个 TL082 设计。为保证芯片电源的一致性,所有芯片采用双电源供电,电压为±15 V。在面包板上或者印刷电路板上,所有芯片共用正负电源线和地线,否则在搭建混沌电路时,容易造成电路电位差的不同,导致混沌电路设计失败。

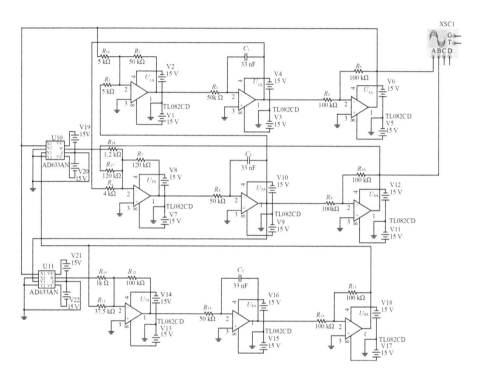

图 5-9　基于 Multisim14 软件的 LORENZ 混沌仿真电路

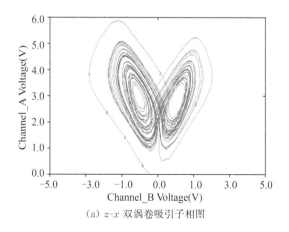

（a）z-x 双涡卷吸引子相图

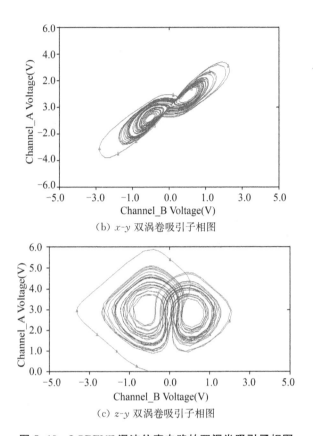

（b）*x-y* 双涡卷吸引子相图

（c）*z-y* 双涡卷吸引子相图

图 5-10　LORENZ 混沌仿真电路的双涡卷吸引子相图

　　此外，在搭建混沌电路时，用到多个精密可调电阻，为保证使用精度，选择合适阻值范围的精密可调电阻非常重要。根据图 5-9 选择合适型号的精密可调电阻如表 5-3 所示。

表 5-3　精密可调电阻型号选择

电阻编号	R_1	R_2	R_{16}	R_3	R_4	R_5	R_6	R_7	R_{17}	R_{18}
实际电阻值	5 k	50 k	5 k	50 k	100 k	100 k	4 k	120 k	120 k	1.2 k
精密可调电阻型号	103	104	103	104	204	204	103	204	204	202

电阻编号	R_8	R_9	R_{10}	R_{11}	R_{12}	R_{19}	R_{13}	R_{14}	R_{15}	
实际电阻值	50 k	100 k	100 k	37.5 k	100 k	1 k	50 k	100 k	100 k	
精密可调电阻型号	104	204	204	104	204	202	104	204	204	

利用一字起调节精密可调电阻上面的旋钮并测量左或右与中间的引脚用数字式万用表测量电阻式,直至调节的旋钮使得数字式万用表显示出需要的电阻值即可。根据图5-9,将调节好的精密可调电阻按照要求搭建跨接到运放芯片周围,并用导线相连;或者根据图 5-9 Multisim14 软件仿真的LORENZ 混沌电路原理图直接转换成 PCB 布线后制作印刷电路板[5],再将运放、乘法器芯片、精密可调电阻和涤纶电容焊接在印刷电路板上,这样可以免去在面包板上搭建导线,进一步降低了混沌硬件电路设计的难度,提高了混沌电路制作的正确率。LORENZ 混沌电路的印刷电路板实现的硬件电路如图 5-11 所示。

图 5-11 LORENZ 混沌硬件电路

打开稳压电源或者开关电源连接到 LORENZ 混沌硬件电路左侧的三根电源线,上面线接+15 V、中间线接地线、下面线接-15 V;LORENZ 混沌电路右侧输出的上面线是 x 变量、中间线是 y 变量、下面线是 z 变量,将示波器的两个探头连接到其中的两个输出变量后观察示波器界面,其硬件实现结果如图 5-12 所示。

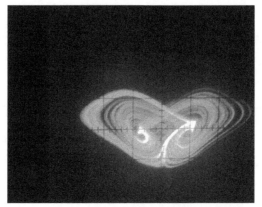

(a) z-x 双涡卷吸引子相图

(b) x-y 双涡卷吸引子相图

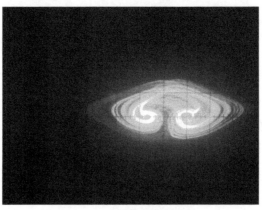

(c) z-y 双涡卷吸引子相图

图 5-12　LORENZ 混沌电路的双涡卷吸引子相图的硬件结果

很显然,严格按照 Multisim14 软件的 LORENZ 混沌仿真电路搭建电路其硬件实现结果与仿真结果完全一致。与 EWB 软件设计相比,在混沌电路设计上更为直观方便。

5.3
基于正弦函数芯片的多涡卷混沌电路硬件实现

　　根据混沌动力学系统的特点设计混沌电路,并利用各种电路仿真软件实现它们的仿真结果,在第四章及 5.2 节给出了按照非线性函数分类的多折线、多项式和交叉乘积项的 JERK 混沌电路、多涡卷变形蔡氏混沌电路、LORENZ 混沌电路等。然而,在实际的硬件电路设计时,有些仿真软件中没有具体实际的元件库与设计的混沌电路芯片相对应,只有功能模块。因此,在设计 LORENZ 混沌硬件电路的 5.2 节可知选择怎样的仿真软件,它是直接关系到硬件电路能否实现重要因素之一。非线性函数的电路设计时关系到混沌电路是否能够实现的关键。鉴于非线性函数的形式、表现的丰富性与复杂性等特点,有些非线性函数还难以用基本的电子元件和芯片硬件实现,有些非线性函数运算的芯片应用不广泛,在现有的电子仿真软件库中没有对应的仿真芯片与之对应,要么编写 SPICE 代码实现其功能,要么根据芯片供应商提供的资料,直接设计它的应用电路。一般来说,对于仿真软件库中没有的芯片,更多学者倾向于直接设计它的混沌电路,这对研究者来说是个巨大的挑战,这需要有较强的电子电路基础,且具备动手实践、电路调试和故障排除等能力。

5.3.1 正弦函数芯片

在第二类混沌系统中,式(2-26)的非线性函数为自变量为单变量的正弦函数。在2.2.2节中给出基于正弦函数的混沌系统理论分析和4～19个涡卷的数值仿真结果。根据文献,可以实现正弦函数功能的芯片是 AD639。在设计式(2-26)的仿真电路时,没有找到电子仿真软件中的元件库包含有 AD639芯片。换言之,无法直接对设计的混沌电路进行仿真验证。由此,在充分了解 AD639 芯片功能及外围电路设计的基础上,直接设计混沌硬件电路。根据混沌电路设计一般方法,采用 3.2 节模块化设计思想实现,这样硬件设计的重点即非线性电路为正弦函数芯片 AD639。

由 ANALOG DEVICES 公司生产的 AD639 芯片[5],可以实现正弦、余弦、正切、余切以及反三角函数的运算。该芯片具有运算精确度高(正弦函数线性误差不超过 0.02%)、信号输入范围大(可以达到 $\pm 500°$)、信号的变换范围大(带宽可以达到 1.5 MHz)、芯片工作的温度适应度好的特点。

AD639 输出端的通用公式为:

$$W = U \frac{\sin(x_1 - x_2)}{\sin(y_1 - y_2)} \tag{5-5}$$

其中 U 为芯片的输出放大倍数,$U = U_1 - U_2 + U_P$。x_1、x_2、y_1、y_2 为信号的输入端,U_1、U_2、U_P 为设置输出信号的放大倍数。AD639 芯片的内部结构见图 5-13。

该芯片的电源电压为 ± 15 V,输入信号 x_1、x_2、y_1、y_2 的电压范围是 ± 12 V,而信号 U_1、U_2、U_P 可以为 ± 25 V。输入信号 ± 1 V 相当于输入的角度为 $\pm 50°$,如果要 $\pm 90°$ 角度,则令函数的输入值 ± 1.8 V,或者通过芯片中输入的角度为 $+90°$。输入值若为 0,则将相关引脚接地即可。通过改变信号不同的连接方式可以实现各类三角函数的转换,转换方法见表 5-4。

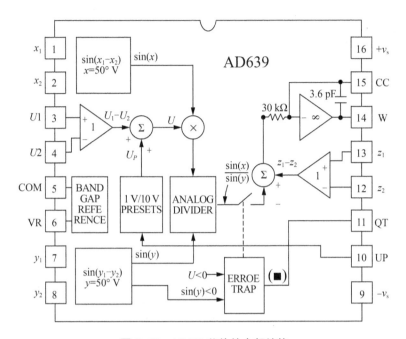

图 5-13　AD639 芯片的内部结构

表 5-4　三角函数的转换

$\sin(\theta)=\dfrac{\sin(\theta)}{1}=\dfrac{\sin(\theta-0)}{\sin(90°-0)}$	$\cos ec(\theta)=\dfrac{1}{\sin(\theta)}=\dfrac{\sin(90°-0)}{\sin(\theta-0)}$
$\cos(\theta)=\dfrac{\cos(\theta)}{1}=\dfrac{\sin(90°-\theta)}{\sin(90°-0)}$	$\sec(\theta)=\dfrac{1}{\cos(\theta)}=\dfrac{\sin(90°-0)}{\sin(90°-\theta)}$
$\tan(\theta)=\dfrac{\sin(\theta)}{\cos(\theta)}=\dfrac{\sin(\theta-0)}{\sin(90°-\theta)}$	$\cot an(\theta)=\dfrac{\cos(\theta)}{\sin(\theta)}=\dfrac{\sin(90°-\theta)}{\sin(\theta-0)}$

　　根据表中的公式,输入不同的 x_1、x_2、y_1、y_2,可以实现这六种三角函数的转换,这里以正弦函数为例,介绍芯片 AD639 的连接方式。由芯片内部结构可知,令 $x_1=\theta$,$x_2=0$,$y_1=VR$,$y_2=0$,设置正弦输出信号的放大比例因子为 10,则设置 $U_1=0$,$U_2=0$,当 U_P 与 VR 引脚相连时,则 U_P 选择比例因子为 10。这样就实现了输入信号 θ 即 x_1 按照 $10\sin(\theta)$ 进行运算。信号的连接方法见图 5-14。

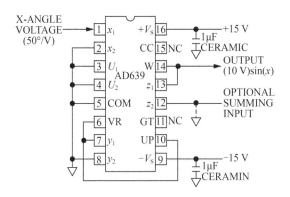

图 5-14　比例因子为 10 的正弦模块连接

5.3.2　4 涡卷混沌电路的硬件实现

为了便于电路的实现,根据基于无倍角正弦函数产生 4 涡卷的混沌电路,进行比例压缩变换,压缩因子为 k_0,其无量纲状态方程为:

$$\begin{cases} \dfrac{\mathrm{d}x}{\mathrm{d}\tau} = -x + ay - bf(k_0 u) \\[2mm] \dfrac{\mathrm{d}y}{\mathrm{d}\tau} = ax - cz \\[2mm] \dfrac{\mathrm{d}z}{\mathrm{d}\tau} = dy - z \end{cases} \tag{5-6}$$

式中 $a = 6.7, b = 5.85/k_0 = 1.17, c = 3.52, d$ 为控制系统涡卷数量的可调参数,$f(k_0 u) = -\sin(k_0 u) \cdot g(k_0 u)$,式中 $g(k_0 u)$ 为限制正弦函数宽度的门函数,其数学表达式为:

$$\begin{cases} g(k_0 u) = 0.5[\operatorname{sgn}(u - U_1) - \operatorname{sgn}(u - U_2)] \\ U_1 = -(M - 0.25)T = -2\pi(M - 0.25)/k_0 \\ U_2 = (N - 0.25)T = 2\pi(N - 0.25)/k_0 \end{cases} \tag{5-7}$$

其中 U_1 和 U_2 为阶跃函数的跃变值,$M = 1, N = 2, T = 2\pi$ 为周期,$U_2 - U_1$ 为 $g(k_0 u)$ 的宽度。$f(k_0 u) = -\sin(k_0 u) \cdot g(k_0 u)$ 的设计方法见图 5-15。

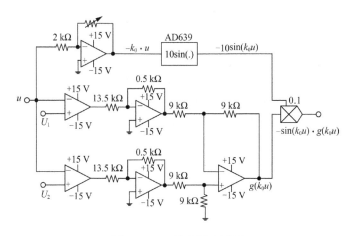

图 5-15　正弦函数电路图

　　根据通用模块化的反相加法模块、反相积分模块、反相模块的设计方法
得到两类混沌吸引子。其中 v 为输入的正弦函数值,将图 5-13 的输出量为
$-\sin(k_0u)g(k_0u)$ 接到通用模块化混沌电路 v 中,设 $M=N=2$,得到 $U_1=$
$-2\pi(2-0.25)/k_0=-2.2$ V,$U_2=2\pi(2-0.25)/k_0=2.2$ V。具体基于非线性
为正弦函数的变形蔡氏电路的设计方法如图 5-16 所示。

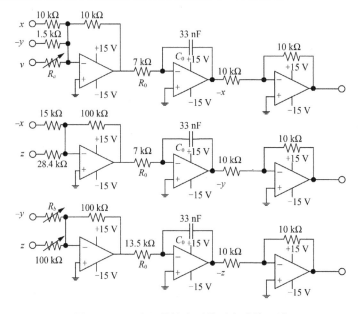

图 5-16　正弦函数的变型蔡氏电路的设计

（1）当 $u=x,d=15.5,R_a=8.55\ \text{k}\Omega,R_b=6.45\ \text{k}\Omega$ 时,得到第一种 4 涡卷混沌电路硬件实现结果如图 5-17。

图 5-17　第一种 4 涡卷硬件结果

（2）当 $u=z,d=24.5,R_a=8.55\ \text{k}\Omega,R_b=4.1\ \text{k}\Omega$ 时,得到第二种 4 涡卷混沌电路硬件实现结果如图 5-18。

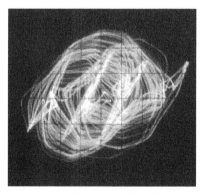

图 5-18　第二种 4 涡卷硬件结果

5.3.3　19 涡卷混沌电路的硬件实现

利用倍角公式,得到非线性函数 $f(2^n k_0 u)=\cos(2^n k_0 u)\cdot g(2^n k_0 u)$ 产生的电路如图 5-19 所示。

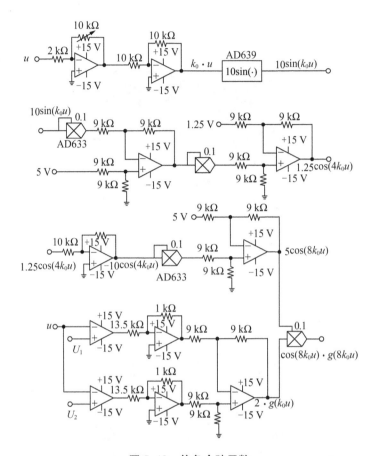

图 5-19　倍角余弦函数

　　基于非线性为 8 倍角余弦函数的多涡卷混沌电路产生的涡卷数与设定的混沌种类、参数之间的关系见表 2-2、表 2-3。根据电压比较值的计算公式 $U_1 = 2\pi(M+0.25)/(8k_0)$ 来确定 U_1、U_2 的大小,即非线性为余弦函数周期数的大小。

　　令 $u = x$,得到第一种 19 涡卷混沌吸引子的电路硬件结果如图 5-20 所示。

　　基于非线性为正弦函数、倍角余弦函数的方法产生大数量涡卷的混沌电路,采用通用模块化设计思想,直接利用产生三角函数芯片 AD639,最多可以在单方向产生 4 个涡卷数量,通过 2^n 倍角的方法,能在理论上最大产

生 3.5×2^n 个涡卷数量,但只是个理想结果,而在硬件电路上由于器件的原因和实验中的误差,根据该混沌电路调试最多可以实现 19 个涡卷的实验结果。

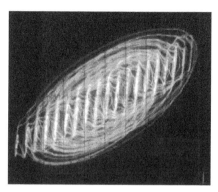

图 5-20　第一种 19 涡卷硬件结果

5.4
基于存储器芯片的多涡卷混沌电路
硬件实现

众所周知,在混沌系统的设计过程中,关键是如何构造非线性函数。随着混沌系统的非线性函数复杂程度的增加,再通过分立电子元件和芯片来构造非线性函数就显得非常困难。更多情况下,复杂的非线性曲线是没有特定的函数芯片来实现对应的非线性电路的。有些只能得到 MATLAB 的数值仿真结果,无法实现其硬件电路。因此,提出一种基于存储器的非线性电路设计方法,把模拟信号通过模数转换器转换为数字信号,对数字信号按照非线性函数的要求进行数字编码存入存储器中,将编码后的数字信号再通过数模转换器转换为需要的非线性函数值,以后只要改变该电路存储器的内容就能够较为方便地实现任意非线性函数。这里以三阶 JERK 混沌系统为例,介绍其非线性电路实现的新方法。

5.4.1 模数转换和数模转换器

在 4.1.2 节,采用 EWB 仿真软件利用门电路变换和只有功能性质的 8 位 A/D 和 D/A 转换器实现阶梯波电路。它仿真电路中的 A/D 和 D/A 转换器没有实际的芯片相对应,这对于电路设计验证是可以的,然而对于硬件电路的实现还存在各种现实问题。因此,在设计基于存储器芯片的阶梯波函数函数电路时,需要选择用实际的模数和数模转换器。

A/D 转换器是将模拟信号离散化得到相应的数字信号,选用常用的 8 位单极性模数转换器 ADC0801,来构造非线性电路的模数转换部分。它的电路如图 5-21 所示。

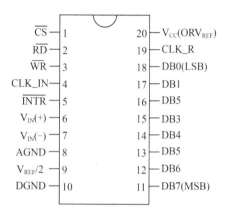

图 5-21　ADC0801 芯片

ADC0801 系列是通用的 8 位 μP 兼容通用 ADC 转换器,采用单 5V 工作模式供应,该转换器采用差分电位梯设计,相当于 256R 网络的电路。它包含由次逼近逻辑排序的模拟开关。具体引脚功能如表 5-5 所示。

表 5-5　ADC0801 芯片引脚功能

引脚 1	片选信号	引脚 6	模拟信号输入＋	引脚 11	数字量输出 DB7	引脚 16	数字量输出 DB2
引脚 2	输出允许信号	引脚 7	模拟信号输入－	引脚 12	数字量输出 DB6	引脚 17	数字量输出 DB1
引脚 3	输入启动转换信号	引脚 8	模拟信号接地	引脚 13	数字量输出 DB5	引脚 18	数字量输出 DB0
引脚 4	外部时钟脉冲输入	引脚 9	外接输入参考电压	引脚 14	数字量输出 DB4	引脚 19	内部时钟脉冲
引脚 5	输出控制	引脚 10	数字信号接地	引脚 15	数字量输出 DB3	引脚 20	电源

根据三阶 JERK 混沌电路的数值仿真,需要将混沌信号 x 的幅值比例压缩到 ± 5 V 之间。而模数转换器 ADC0801 的输入量只能是正极性输入,所以必须将反馈的混沌信号通过运放构成的加法电路来提升输入信号的幅值,当反馈信

号与+5 V参考电压相加时,得到反馈输入信号范围在 $0 < x_1 < +10$ V,保证了正极性输入信号。由于ADC0801最大输入电压是+5 V,必须再将得到的信号比例压缩1倍,使得 V_{IN} +输入引脚信号范围在 $0 < x_2 < +5$ V之间。为了使输入信号能够在确定的范围内正常转换,基准电压输入端 $V_{REF/2}$ 必须悬空,即基准电压为+5 V。

为了使ADC0801能够独立的工作,$\overline{CS}$ 片选信号、$\overline{RD}$ 读控制信号接地,保证其始终有效。采用内部的时钟采样,在CLK_IN和CLK_R引脚之间接一电阻 R,再在CLK_IN与地之间接一电容,产生振荡时钟,一般选取 $R=$ 10 kΩ,$C=150$ pF,此时振荡工作的频率为 $f = \dfrac{1}{1.1RC} = 640$ kHz。

输入的模拟信号 x 经过A/D转换器时,转换的频率与混沌电路模块化设计中的积分电路的积分时间常数有关,通常情况下积分电路为20 kΩ,积分电容为33nF,故积分时间常数为 $\tau = 20 \times 10^3 \times 33 \times 10^{-9} = 660 \times 10^{-6}$(s),也就是说频率 $f_1 = 1.5$ kHz。根据奈奎斯特定理,为了使信号能够不失真的转换,输入信号模数转换的频率至少应为 $f = 2f_1 = 3$ kHz以上。换言之,A/D转换器的写入信号时间至少应 $T < \dfrac{1}{3 \text{ kHz}} = 0.3$ ms以内,利用555定时器产生 $f = 2f_1 = 3$ kHz的脉冲送入到 $\overline{WR}$ 引脚中去,同时连接到 $\overline{INTR}$ 引脚把转换以后的数字信号按二进制数输出。在模数转换过程中为了保证电压的精度,选用7805三端稳压器,使其输出为+5 V连接到加法电路参考电压端、ADC0801电源电压引脚。

JERK混沌电路的非线性输出是多折线的阶梯波信号,表现为分段连续的不同电压值。因此,基于存储器芯片设计的非线性电路输出部分需要采用D/A转换器。若选择型为号EPROM2764的存储器,它的输出是8位,非线性电路对应的D/A转换器[5]输入数字量也是8位的。选择常见的8位单极性输出型号为DAC0832数模转换器作为非线性电路输出部分,其芯片如图5-22所示。

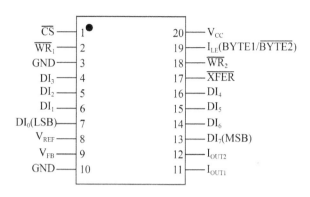

图 5-22   DAC0832 芯片

DAC0832 数模转换器由倒 T 型 R-2R 电阻网络、模拟开关、运算放大器和参考电压 VREF 四大部分组成,包括 8 位输入锁存器、8 位 DAC 寄存器、8 位 D/A 转换电路及转换控制电路。它的引脚功能如表 5-6 所示。

表 5-6   ADC0832 芯片引脚功能

引脚 1	芯片选择端	引脚 6	数字量输入 DI1	引脚 11	电流输出 1	引脚 16	数字量输入 DI4
引脚 2	数据锁存器写选通	引脚 7	数字量输入 DI0	引脚 12	电流输出 2	引脚 17	数据传输控制信号
引脚 3	接地	引脚 8	芯片的参考电压	引脚 13	数字量输入 DI7	引脚 18	DAC 寄存器选通输入
引脚 4	数字量输入 DI3	引脚 9	反馈电阻	引脚 14	数字量输入 DI6	引脚 19	数据锁存允许控制信号输入线
引脚 5	数字量输入 DI2	引脚 10	接地	引脚 15	数字量输入 DI5	引脚 20	正电源

为了保证 D/A 转换器连续不断地进行数模转换,$\overline{CS}$ 片选信号始终接地。当 IEL 接高电平,使 $\overline{WR_1}$、$\overline{WR_2}$、$\overline{XFER}$ 引脚接地,将 8 位数字量送到 DAC0832 中的寄存器中并启动数模转换,将模拟电流信号输出,然而混沌电路中需要的是电压量,必须将 $IOUT_1$ 接运放反相输入端,$IOUT_1$ 接运放同相输入端,运放输出端接(反馈)到 RFB 引脚,基准电压 V_{REF} 接 +5 V,实现输出电流—电压转换,使得输出电压的范围在 $0 < g(x_2) < +5$ V。而混沌信号的幅值是 ±5 V 之间,再将输出的电压通过比例电路使原信号放大一倍后送入

参考电压为+5 V减法电路中去,得到最终需要输出电压的范围(-5 V$<x<$
$+5$ V)。

5.4.2　基于存储器的非线性电路

存储器电路是实现数模结合方式构造非线性电路的关键,只要改变存储
器的内容,结合 A/D 和 D/A 转换器可以制作任意的非线性电路。对于非线
性为多阶梯波的折线函数更为适合,它在最大程度上减少了转换器精度带来
的非线性误差。选择具有 13 位地址输入线和 8 位数据输出线的
EPROM2764 作为非线性阶梯波函数电路的存储器。它可以使用编程输入器
对编程数据烧入存储;与其他电路不同的是,可利用紫外线对编程存储的数
据实现擦除功能。因此,EPROM2764 存储器[6]应当避光使用,一般会通过遮
盖该芯片窗口的方法防止数据被擦除,具体芯片如图 5-23 所示。

图 5-23　EPROM2764 芯片

EPROM2764 存储器的 27 是 EPROM 开头的型号 2764 属于 27 系列的
EPROM 芯片,27 后面的数字除以 8 就是容量,单位为 KB,2764 的容量为
8 KB。芯片引脚功能如表 5-7 所示。

表 5-7　EPROM2764 芯片引脚功能

引脚 1	编程脉冲电压输入	引脚 8	地址线 2	引脚 15	数据 DB3	引脚 22	输出允许信号
引脚 2	地址线 12	引脚 9	地址线 1	引脚 16	数据 DB4	引脚 23	地址线 11
引脚 3	地址线 7	引脚 10	地址线 0	引脚 17	数据 DB5	引脚 24	地址线 9
引脚 4	地址线 6	引脚 11	数据 DB0	引脚 18	数据 DB6	引脚 25	地址线 8
引脚 5	地址线 5	引脚 12	数据 DB1	引脚 19	数据 DB7	引脚 26	悬空
引脚 6	地址线 4	引脚 13	数据 DB2	引脚 20	片选信号	引脚 27	编程脉冲输入
引脚 7	地址线 3	引脚 14	接地	引脚 21	地址线 10	引脚 28	电源

实现三阶 JERK 混沌电路,其非线性部分为阶梯波函数。以五阶梯波函数为例设计存储器的数据,其非线性函数关系式为:

$$\begin{cases} x_2 = \dfrac{x+5}{2} \\ F(x) = 2g(x_2) - 5 \end{cases} \tag{5-8}$$

(1) 当输入信号 $-5 \leqslant x < -3$ 时,送入 A/D 转换器信号 $0 \leqslant x_2 < +1$,D/A 输出信号为 $g(x_2)=0.5, F(x)=-4$。

(2) 当输入信号 $-3 \leqslant x < -1$ 时,送入 A/D 转换器信号 $+1 \leqslant x_2 < +2$,D/A 输出信号为 $g(x_2)=1.5, F(x)=-2$。

(3) 当输入信号 $-1 \leqslant x < 1$ 时,送入 A/D 转换器信号 $+2 \leqslant x_2 < +3$,D/A 输出信号为 $g(x_2)=2.5, F(x)=0$。

(4) 当输入信号 $1 \leqslant x < 3$ 时,送入 A/D 转换器信号 $+3 \leqslant x_2 < +4$,D/A 输出信号为 $g(x_2)=3.5, F(x)=2$。

(5) 当输入信号 $3 \leqslant x < 5$ 时,送入 A/D 转换器信号 $+4 \leqslant x_2 < +5$,D/A 输出信号为 $g(x_2)=4.5, F(x)=4$。

五阶梯波函数如图 5-24 所示。

由于模数转换器 ADC0801 输入模拟信号的范围 $x_2 \in (0,5)$,其量化间隔为 $\Delta x_2 = 5/2^8 \approx 0.019\,531\,25$,模数转换器的输出为二进制数,作存储器的地址输入。根据式(5-8)为了能够使电路按照五阶梯波的要求转换,计算出数

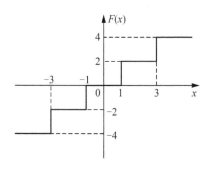

图 5-24　五阶梯波函数

模转换器 DAC0832 输出模拟量对应的输入数字量,作存储器的数据输出,其最小转换间隔 $g(x_2)=5/2^8\approx0.019\ 531\ 25,2764$ 存储器的五阶梯波数据映射关系见表 5-8。

表 5-8　五阶梯波编码表

输入信号 x	A/D 转换 信号 x_2	A/D 转换数字量 $d_7 d_6 d_5 d_4 d_3 d_2 d_1 d_0$	D/A 转换数字量 $D_7 D_6 D_5 D_4$ $D_3 D_2 D_1 D_0$	D/A 转换 后模拟量 $g(x_2)$	阶梯波函数 $F(x)=$ $2g(x_2)-5$
$-5\leqslant x<-3$	$0\leqslant x_2<+1$	00000000～00110010	00011010	$+0.5$	-4
$-3\leqslant x<-1$	$+1\leqslant x_2<+2$	00110011～01100101	01001101	$+1.5$	-2
$-1\leqslant x<+1$	$+2\leqslant x_2<+3$	01100110～10011001	10000000	$+2.5$	0
$+1\leqslant x<+3$	$+3\leqslant x_2<+4$	10011010～11001100	10110011	$+3.5$	$+2$
$+3\leqslant x<+5$	$+4\leqslant x_2<+5$	11001101～11111111	11100110	$+4.5$	$+4$

由 A/D 转换器转换后的数字量作为存储器的地址信号,D/A 转换器转换前的数字量作为存储器的数据信号,按照五阶梯波数据映射关系[7]写到 EPROM2764 中去。由于 2764 地址信号有 13 位,而 ADC0801 输出的数字量只有 8 位,所以必须将地址的高 5 位接地。烧录到 EPROM2764 中的数据必须是".HEX"十六进制文件,可以参照 3.3.3.4 文件格式的转换方法。这里利用 8051 单片机仿真软件 KEIL[7]在完成程序编写后烧录到单片机中,十六进制文件是按字节存放的,故在打开 KEIL 仿真软件后,从地址单元 0000H

处开始写数据,0000H～0032H 地址单元写数据 1AH,0033H～0065H 地址
单元写数据 4DH,0066H～0099H 地址单元写数据 80H,009AH～00CCH 地
址单元写数据 B3H,00CDH～00FFH 地址单元写数据 E6H,最后将其通过编
译后产生需要的"HEX"文件。

非线性函数五阶梯波电路的构造[9]见图 5-25,将式(5-8)函数的"HEX"
文件烧录到 EPROM2764,就可以实现五阶梯波函数电路。以后只要改变存
储器中的内容,而不用修改具体电路,就可以很容易、很方便地实现任意的非
线性函数[8]。

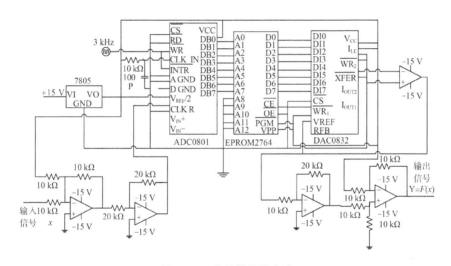

图 5-25　非线性函数电路

5.4.3　基于存储器设计的混沌电路硬件电路

根据三阶 JERK 混沌系统的状态方程,采用通用模块化的设计方法,在反
相加法模块、反相积分模块和反相器模块的基础上,通过基于存储器的非线
性函数构造符号函数和阶梯波函数,再通过一级反相器构成反相的符号函数
和阶梯波函数,电路中用到的所有运算放大器均为 TL082。

在 5.4.2 节中详细介绍了五阶梯波函数存储器数据的设计,若要实现三
阶梯波函数,则只需要修改存储器的内容,将 0000H～0065H 地址单元写数

据 4DH,0066H～0099H 地址单元写数据 80H,009AH～00FF 地址单元写数据 B3H。同理,构成符号函数则将存储器 0000H～0080H 地址单元写数据 66H,0081H～00FFH 地址单元写数据 9AH。

当 $g_2(y)$,$g_3(z)$ 信号接地时,$g_1(x)=F_1(x)$ 时,$F_1(x)$ 为阶梯波函数可以构成单方 JERK 混沌吸引子相图。

当 $g_1(x)=F_1(x)$,$g_2(y)=F_2(y)$,$g_3(z)$ 信号接地时,$F_1(x)$、$F_2(x)$ 为阶梯波函数可以构成二方向 JERK 混沌吸引子相图。

当 $g_1(x)=F_1(x)$,$g_2(y)=F_2(y)$,$g_3(z)=F_3(z)$ 时,$F_1(x)$、$F_2(x)$、$F_3(x)$ 为阶梯波函数可以构成三方向 JERK 混沌吸引子相图。

当存储器烧录不同的数据构成符号函数、三阶梯波函数、五阶梯波函数等非线性函数,能够实现 JERK 电路单方向多涡卷混沌吸引子相图及其网格多方向混沌吸引子相图。采用运算放大器构成的反相加法器、反相积分器和反相器模块来实现混沌电路的线性部分,用 A/D 转换器、D/A 转换器、存储器构成混沌电路的非线性部分,线性与非线性部分的完整组合可以实现三阶 JERK 混沌电路。即按照 ADC0801、DAC0832 和存储器 EPROM2764 的电路结构设计的图 5-23 非线性函数阶梯波电路代入图 4-7 三阶 JERK 系统的混沌电路通用设计,可以得到 JERK 混沌系统的多涡卷吸引子相图硬件结果。

根据不同的非线性函数,向基于存储器的非线性电路中写入不同映射关系式,可以很容易实现单方向多涡卷混沌吸引相图。

(1) 当输入的非线性函数为五阶梯波函数时,根据混沌电路通用模块化设计的方法,调节电阻 $R_b=7.5$ kΩ,也就是令 $\alpha=0.75$,可以构成五涡卷混沌吸引子相图,其电路实验结果见图 5-26。

图 5-26　JERK 五涡卷吸引子

（2）当输入的非线性函数为符号函数时,调节电阻 R_b＝6.5 kΩ,也就是令 α＝0.65,可以构成双涡卷混沌吸引子相图,其电路实验结果见图 5-27。

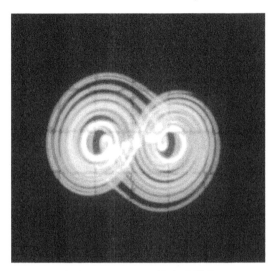

图 5-27　JERK 双涡卷吸引子

（3）当输入的非线性函数为三阶梯波函数时,调节电阻 R_b＝7.0 kΩ,也就是令 α＝0.7,可以构成三涡卷混沌吸引子相图,其电路实验结果见图 5-28。

图 5-28　JERK 三涡卷吸引子

同样的设计方法,当 $g_1(x)=F_1(x)$,$g_2(y)=F_2(y)$,$g_3(z)$ 信号接地时,将 x 方向信号送入到三阶梯波电路 $F_1(x)$,将 y 方向信号送入第二个三阶梯波函数电路 $F_2(y)$,可以构成二方向 3×3 涡卷吸引子相图,其电路实验结果见图 5-29。

图 5-29   二方向 3×3 涡卷混沌吸引子相图

利用模数转换后的数字信号,将非线性函数关系式映射到 EPROM 存储器中,再通过数模转换器,得到所需要的阶梯波函数、符号函数。这种采用数模结合的方法构成的混沌电路,在很大程度上能够降低复杂非线性电路的设计难度,为实现各种非线性函数电路提供了一种新的思路。该实验与 MATLAB 数值仿真、纯粹的模拟电路构成混沌信号或用数字器件[9-11]构成混沌序列结果是一致的。

参考文献

第一章

[1] 陈关荣,吕金虎. Lorenz 系统族的动力学分析、控制与同步[M]. 北京：科学出版社,2003.

[2] LI T Y, YORKE J A. Period three implies chaos[J]. America Mathematical Monthly, 1975,82(10)：985-992.

[3] 刘秉正. 非线性动力学与混沌基础[M]. 长春：东北师范大学出版社,1994.

[4] 张伟年. 动力系统基础[M]. 北京：高等教育出版社,施普林格出版社,2001.

[5] 童培庆,赵灿东. 强迫布鲁塞尔振子中混沌行为的控制[J]. 物理学报,1995,44(1)：35-41.

[6] 丘水生. 混沌吸引子周期轨道理论研究(Ⅱ)[J]. 电路与系统学报,2004,9(1)：1-5.

[7] LÜ J, CHEN G. A new chaotic attractor coined [J]. International Journal of Bifurcation & Chaos, 2002,12(3)：656-661.

[8] LORENZ E N. Deterministic nonperiodic flows[J]. Atmos Sci, 1963,20：130-141.

[9] 张德丰. MATLAB 函数及应用[M]. 北京：清华大学出版社,2021.

[10] http：//bbs. eetop. cn/forum-114-1. html.

[11] 于红博. Octave 程序设计[M]. 北京：清华大学出版社,2022.

[12] CHUA L O, KOMURO M, MATSUMOTO T. The double scroll family[J]. IEEE Transactions on Circuits and Systems, 1986,33(11)：1073-1118.

[13] 张晓英，祖大鹏. EWB 软件在电子线路教学中的应用[J]. 现代电子技术，2004，27(10)：17-21.

[14] 张新喜，许军，任锐，等. Multisim14 电子系统仿真与设计[M]. 2 版. 北京：机械工业出版社，2021.

[15] 李晓虹. Protel 99 SE 原理图及 PCB 设计实例教程[M]. 西安：西安电子科技大学出版社，2018.

[16] 游志宇，戴锋，张珍珍. 电力电子 PSIM 仿真与应用[M]. 北京：清华大学出版社，2020.

[17] 朱清慧，张凤蕊，翟天嵩，等. Proteus 教程——电子线路设计、制版与仿真[M]. 北京：清华大学出版社，2016.

[18] 周润景，任自鑫. Cadence 高速电路板设计与仿真——信号与电源完整性分析[M]. 6 版. 北京：电子工业出版社，2018.

[19] 杨维明，谢雨章. 电路与模拟电子电路 PSpice 仿真分析及设计[M]. 北京：电子工业出版社，2016.

[20] Sprott J C. Simple Chaotic Systems and Circuits[J]. American Journal of Physics，2000，68(8)：758-763.

[21] Tang W K S, Zhong G Q, Chen G R, et al. Generation of n-scroll attractors via sine function[J]. IEEE Transactions on Circuits and Systems. Ⅰ：Fundamental Theory and Applications，2001，48(11)：1369-1372.

[22] 禹思敏. 用三角波序列产生三维多涡卷混沌吸引子的电路实验[J]. 物理学报，2005，54(4)：1500-1509.

[23] 赵富明，包明. 存储器函数变换技术应用[M]. 北京：北京航空航天大学出版社，2004.

[24] 苏世熙. 任意函数波形发生器硬件电路设计[D]. 四川：电子科技大学，2020.

第二章

[1] 陈关荣，汪小帆. 动力系统的混沌化——理论、方法与应用[M]. 上海：

上海交通大学出版社，2006.

［2］YU S M，LÜ J H，CHEN G R. A module-based and unified approach to chaotic circuit design and its applications［J］. International Journal of Bifurcation & Chaos，2007，17(5)：1785-1800.

［3］徐伟. 几类多涡卷混沌系统设计与电路实现研究［D］. 广州：广东工业大学硕士论文，2009.

［4］CHEN G R. UETA T. Yet another chaotic attractor［J］. International Journal of Bifurcation & Chaos，1999，9(7)：1465-1466.

［5］LIU C X. A novel chaotic attractor［J］. Chaos，Solitons & Fractals，2009，39：1037-1045.

［6］禹思敏，丘水生，林清华. 多涡卷混沌吸引子研究的新结果［J］. 中国科学E辑：技术科学，2003，33(4)：365-374.

［7］禹思敏，丘水生. N-涡卷超混沌吸引子产生与同步的研究［J］. 电子学报，2004，32(5)：814-818.

［8］YALCIN M E，SUYKENS J A K，VANDEWALLE J. Families of scroll grid attractors［J］. International Journal of Bifurcation and Chaos，2002. 45(2)：541-544.

［9］禹思敏. 混沌系统与混沌电路——原理、设计及其在通信中的应用［M］. 西安：西安电子科技大学出版社，2011.

［10］BAO B. C，WANG N，CHEN M. Inductor-free simplified Chua's circuit only using two-op-amp-based realization［J］. Nonlinear Dynamics，2016，84(2)：511-525.

［11］MATSUMOTO T，CHUA L O，KOMURO M. The double scroll ［J］. IEEE Transactions on Circuits and Systems，1985，32(8)：798-817.

［12］MADAN R N. A paradigm for chaos ［M］. Singapore：World Scientific，1993.

［13］ZHONG G Q，MAN K F，CHEN G R. A systematic approach to generating n-scroll attractors［J］. International Journal of Bifurcation and Chaos，2002，12(12)：1369-1372.

[14] YU S M, LÜ J H, LEUNG H. Chen G R. Design and implementation of n-scrolls chaotic attractors from a general JERK circuit[J]. IEEE Transactions on Circuits and Systems I Regular Papers, 2005,52(7): 1459-1477.

[15] LÜ J, HAN F, YU X, et al. Generating 3-D multi-scroll chaotic attractors: A hysteresis series switching methed[J]. Automatic, 2004, 40(10): 1677-1687.

[16] 孙克辉. 混沌保密通信原理与技术[M]. 北京：清华大学出版社，2015.

第三章

[1] 王兴元.混沌系统的同步及在保密通信中的应用[M]. 北京：科学出版社，2012.

[2] 邱关源.电路[M].5 版. 北京：高等教育出版社，2022.

[3] 张东辉，王银，潘兴隆，等. 运放电路环路稳定性设计——原理分析、仿真计算、样机测试[M]. 北京：机械工业出版社，2021.

[4] XU W, CAO N. A General Chaotic Circuit Design and Hardware Implementation via the Inductance Integrators[J]. Journal of Circuits, Systems, and Computers, 2020, 29(10): 1-17.

[5] 童诗白，华成英. 模拟电子技术基础[M].5 版. 北京：高等教育出版社，2015.

[6] 刘振泽，田彦涛，曹辉. 基于 Henon 系统和 Duffing 方程自同步与异结构同步的研究[J]. 合肥工业大学学报（自然科学版），2006，(06)：728-731.

[7] 李亚，戴青云，卞丽雅，等. 多涡卷 JERK 混沌吸引子及其实现[J]. 中国图象图形学，2008，13(3)：440-443.

[8] LÜ J H, CHEN G R. Design and analysis of multiscroll chaotic attractors from saturated function series[J]. IEEE Transaction on Circuits and Systems I: Regular Popers 2004，51(12)：2467-2490.

[9] 佛朗哥·马洛贝蒂. 数据转换器[M]. 程年，陈贵灿，等，译. 西安：西安

交通大学出版社，2013.

[10] 奥本海姆. 信号与系统[M]. 2 版，北京：电子工业出版社，2020.

[11] 阎石. 数字电子技术基础[M]. 6 版. 北京：高等教育出版社，2016.

[12] 李朝青. 单片机 & DSP 外围数字 IC 技术手册[M]. 北京：北京航空航天大学出版社，2005.

[13] 桑野雅彦. 存储器 IC 的应用技巧[M]. 北京：科学出版社，2005.

[14] 徐伟. 一种基于存储器的正弦运算电路[J]. 淮海工学院学报（自然科学版），2008，17(2)：39-42.

第四章

[1] VAIDYANATHAN S，AKGUL A，KACAR S. A new chaotic jerk system with two quadratic nonlinearities and its applications to electronic circuit implementation and image encryption[J]. International Journal of Computer Applications in Technology，2018，(58)：89-101.

[2] LÜ J，YU S，LEUNG H，et al. Experimental verification of multi-directional multi-scroll chaotic attractors[J]. IEEE Transactions on Circuits and System(Part-Ⅰ)，2006，53(1)：149-165.

[3] KHARE A，SHUKlA P. K，RIZVI M A，et al. An intelligent and fast chaotic encryption using digital logic circuits for ad-hoc and ubiquitous computing[J]. Entropy，2015，(18)：201-227.

[4] 张翌维，柯熙政，席晓莉，等. 一种多级数字混沌编码方案及其硬件实现[J]. 电子技术应用，2005，(02)：58-60.

[5] 徐伟，许莉娟，王国贵，等. 基于模数结合的三阶 JERK 混沌电路研究[J]. 淮海工学院学报（自然科学版），2010，(4)：18-22.

[6] 赵海滨，田亚男. 基于 Multisim 的模拟乘法器应用电路仿真实验[J]. 电脑与信息技术，2023，31(04)：38-40.

[7] 吴健，吴伟，贾仟伟. 绝对值电路在模数变换中的应用[J]. 自动化技术与应用，2012，31(08)：81-83.

［8］徐伟，马进颖. 蔡氏混沌电路在 Multisim 软件中的设计与仿真［J］. 电
子器件，2013，36(6)：904-909.

［9］YANG Z，LI H，LIN F，et al. Common-Mode electromagnetic inter-
ference calculation method for a PV inverter with chaotic SPWM［J］.
IEEE Transactions on Magnetics. 2015，51(11)：1-4.

［10］张波，谢帆. 电力电子变换器分岔和混沌［M］. 北京：科学出版
社，2018.

［11］野村弘,吉田正伸,藤原宪一郎. 使用 PSIMTM 学习电力电子技术基础
［M］. 胡金库,贾要勤,王兆安,译. 西安：西安交通大学出版社，2009.

［12］王耀,吴艳萍,郑丹. 基于 PSIM 仿真的电力电子课程设计［J］.实验技术
与管理，2013，30(12)：108-110.

［13］YALCIN M E，SUYKENS J A K，VANDEWALLE J. Experimental
confirmation of 3-scroll and 5-scroll attractors from a generalized
CHUA's circuit［J］. IEEE Transactions on Automaotc Control，2000，
47(3)：425-429.

［14］冯朝文,蔡理,张立森,等.SETMOS 实现多涡卷蔡氏电路的研究［J］.物
理学报，2010，60(12)：8426-8431.

第五章

［1］李玲，周波，周国军，等. "面包板"在模拟电路中的教学实践［J］. 电脑
知识与技术，2020，16(14)：199-201.

［2］李姣军. AD633 模拟相乘功能设计与实现［J］. 实验技术与管理，2015，
32(03)：47-50.

［3］谭洋，刘建鑫，赵仕良. 基于 AD835 的正弦波测幅［J］. 实验室研究与
探索，2021，40(09)：57-60.

［4］刘会衡. 印刷电路板设计实用教程［M］. 重庆：西南交通大学出版
社，2016.

［5］陈思蓉，李刚. 万能三角函数转换器 AD639 及其应用［J］. 国外电子元
器件，2000，(05)：5-7.

［6］张辉. 用存储器设计数字电路项目式教学案例分析——基于 EPROM2764 的多路定时控制电路设计与制作［J］. 轻工科技，2015，31（01）：51-52.

［7］马忠梅，籍顺心. 单片机的 C 语言应用程序设计［M］. 4 版. 北京：北京航空航天大学出版社. 2007.

［8］徐伟. 基于存储器的三阶 JERK 混沌电路实验研究［J］. 安徽理工大学学报（自然科学版），2010，30(4)：35-39.

［9］CHEN H，He S B，AZUCENA A D P，et al. A Multistable chaotic jerk system with coexisting and hidden attractors：dynamical and complexity analysis，FPGA-Based realization，and chaos stabilization using a robust controller［J］. Symmetry，2020，12(4)：1-19.

［10］李国辉，李亚安，杨宏. 整数阶 Jerk 混沌吸引子及其实现［J］. 微电子学与计算机，2010，27(01)：71-73.

［11］徐伟. 基于 MSP430F169 芯片设计的混沌信号发生器［J］. 黑龙江大学自然科学学报. 2014，31(2)：274-280.